宇宙最強物質決定戦

高水裕一 Takamizu Yuichi

★――ちくまプリマー新書

420

イラスト　ジェントルメン中村

目次 ＊ Contents

序章　宇宙最強とは何か

宇宙の天体や物質の驚くべき特徴を紹介……10
「大きさ」「重さ」「電気」「速さ」……16
我々のような「物質」は宇宙ではマイノリティーな存在……18
アインシュタインの方程式……20

第1章　星部門

「天体」は宇宙に存在する物質の総称……24
星には7つのタイプがある……26
還暦の太陽が白骨化するとき……33
太陽世界の常識……35
太陽の候補生……37
ブラックホールになれるのは最重量型のトップガン……39
ご近所の太陽……43

必殺、超新星爆発！……47
大きさランキング……50
磁気ランキング……57
電気ランキング……59

第2章　銀河部門

ブラックホールの成長物語……68
重力と時の部屋……71
この世で唯一、質量が減ることのない天体……74
ブラックホール成長のナゾ……76
前哨戦――重さランキング……80
銀河と『キングダム』……83
宇宙の大将軍となる条件……85
なんだあの戦術は？……88

宇宙で銀河はよく衝突する……93
銀河のタイプと分布……94
天の川軍の四天王……97
宇宙の大規模構造と超銀河団……101
いずれ全ての銀河がひとつに飲み込まれる……107
宇宙はスカスカ……109

幕間 速度対決部門

星は絶えず高速移動している……112
光速度を止めようとするもの……116
速度ランキング……119

第3章 「ダーク」な存在たちと宇宙の未来

宇宙はゴム製のマグカップ……125

宇宙に占める4つの物質のエネルギー密度の割合……127
おごれる者も久しからず……130
膨張宇宙を最初に予言した人物は誰だ……133
バリオンvs.ダークマター……137
ダークマターの七不思議……138
ダークマターの正体？……142
さらに圧倒的な力を示すダークエネルギー……145
ダークエネルギーの七不思議……148
暗黒菩薩に守られし銀河……155
ダークハローを加えた銀河衝突合戦……160
最後の希望……163
宇宙の未来における大逆転……168

序章　宇宙最強とは何か

「宇宙で一番強い、宇宙最強」

誰しも一度は想像したことがあるかもしれません。格闘漫画が好きな人なら、きっとこのセリフを知っている方も多いのではないでしょうか。

「男と生まれたからには誰でも一生のうち一度は夢見る「地上最強の男」」

板垣恵介さんの人気格闘漫画『グラップラー刃牙（バキ）』において語られる一節です。とにかく最強の生物になりたいと願い、格闘技に明け暮れた選り（え）すぐりのファイターが対決する漫画です。

宇宙最強とは一体どんなものなのか、皆さんもきっと心の奥底では彼らグラップラーのような熱い気持ちがどこかに眠っているはずです。

これは性別を超えて、きっと興味がある普遍的なテーマではないでしょうか。本書では宇宙という広大な場所を舞台に、さまざまな物質をキャラクターとして登場させ、宇宙最強を決めていこうとする、一風変わった宇宙論の入門書です。

バトル漫画は少年誌の王道です。お気に入りの作品に登場するキャラクターを自分なりにランキング付けした経験は皆さんも一度はあるのではないでしょうか。私は、世代的になんといっても、鳥山明さんの名作『ドラゴンボール』です。ローカルな敵から、徐々に地球規模の強敵が現われ、ベジータ、フリーザと、インフレ状態に敵キャラが強くなっていきました。最後には、一撃で地球を破壊できてしまうので、悟空も一歩間違えると地球の守護者なのか、破壊者なのかと混乱してしまうほどです。そこでは主に一対一の戦闘シーンが繰り広げられ、読者を熱狂させます。そのバトルシーンは敵も味方も「かっこいい」の一言です。

宇宙の天体や物質の驚くべき特徴を紹介

本書では宇宙の天体や物質の驚くべき特徴やそのスケールを紹介していきます。

私は、宇宙論を専門にしている宇宙物理学の研究者です。これまで研究の中で扱ってきたテーマの中から、宇宙を舞台にしたさまざまな物質たちの驚異の姿をキャラクターのように表現してみたいと思い、本書の執筆を始めました。

私は2013年から3年ほどイギリスにあるケンブリッジ大学のスティーヴン・ホーキング先生のもとに、国の研究員として（昔でいう遣唐使のようなもの）渡英し研究生活を行っていました。そこで肌で感じ学んだ、大学の原型や教育の仕方、もちろん宇宙論の研究も含め、実に幅広い経験をさせてもらいました（皆さんの税金ですのでここでお礼まで）。

そこで感じたことは、宇宙というテーマこそ一般の人々に語って楽しませるべき、エンターテイメントになりうるものだということです。ホーキング先生は、身体は不自由であったかもしれませんが、つねに頭の中では、子供のように無邪気に宇宙を駆け巡り、冒険を楽しみ、そしてそれを講演会やイベントでいかんなく発揮して、聴衆を魅了してきたように思います。

私もいつか先生のように、世界中の人を私が語る宇宙で魅了したい。そんな願望があります。残念なことに、帰国直後、先生は他界され、今もどこか空から見守っておられることと思います。それでも短い間にそばで感じた、先生の情熱（声で発声することすらできない晩年で、会話をしたことなんて数回だけですが）、生きる姿勢、そして何より宇宙に対する深い愛情——そういったすべてが、こういった執筆活動、講演会といった私のライフワークの原動力として、息づいていると感じています。ちょうど、円周率πの日である3月14日が命日であり、その日はアインシュタインの誕生日でもあり、理論物理学者の端くれとして天を仰がずにはいられません。

と、前置きはこのくらいにして、宇宙をいかにエンターテイメントとして語るかについて少し考えてみましょう。手っ取り早い方法は、宇宙を題材にしたSF作品のような映像で見せるというのがひとつ。しかし、単にかっこよさ、見映えだけを意識した宇宙では、私としては不満です。そこで、たとえば星に関する記述として次のようなものを取り上げてみましょう。

「重量型の星はその寿命の最後に超新星爆発を起こし、ブラックホールへと変化するものがある」

たしかに知識としては興味深いのですが、これでは何か物足りない。それは単に球形である天体として想像するだけだからではないでしょうか。よっぽど迫力のあるCGをお金をかけて制作できるならば、これはこれでいいのですが……。

ではその点を皆さんの想像力の力を借りて行うとしたらどうでしょうか。つまり皆さんでも想像できるような身近なものにたとえたり、擬人化してキャラ付けをしたらいかがでしょうか。今の例で言えば、巨大で重量感のあるキャラクターが目の前に現れたと想像してみてください。

「おいおい、貴様はその程度か、口ほどにもない……」などと高笑いをしていると突然、寿命が来て、大爆発！　主人公は、安堵（あんど）しているのも、つかの間。今度は、煙の中から、まったく異質の敵が登場。

「待たせましたね、くっくっく……これが私の真の姿なんですよ」と某漫画の悪役のように変身を遂げる……。

本書ではこのように、天体や銀河、ひいては宇宙全体の物質をキャラ付けし擬人化させることで、ある種のエンターテイメントとしての演出の手助けをしています。バトル漫画のような描写を読書の皆さんの頭の中で適宜イメージしてもらえると、より一層楽しめるはずです。これまで知らなかった天体や宇宙の現象に少しでも興味をもってもらうきっかけとして、ご活用いただければ幸いです。

ちょっと変わった切り口かもしれませんが、きちんとした物理学的な説明をできるだけシンプルにキャラに反映することを心掛けました。主観的で、読者の方には余計ややこしいと批判されるものがあるかもしれませんが、そこは読み手の温かい目で見ていただければと思っています。もしかすると、読者の方のほうがもっとよいキャラ付けを思いつくかもしれませんね。ぜひ、そんな想像力豊かな視点で本書を読み進めてください。

ド
能
乙女

「大きさ」「重さ」「電気」「速さ」

まずは「宇宙最強」を一体何で決めるのかを最初にお話ししないといけません。ここでは主に4つの指標があると考えます。「大きさ」「重さ」「電気」そして「速さ」です。

これはあくまで私が本書において示した指標であり、もちろん他の要素を用いて、ランキングをつけることもできます。たとえば「固さや寿命」といった他の性質はいくらでも考えることができます。

ではなぜこの4つの要素を挙げたかというと、これらの側面を見ていけば、宇宙に存在するさまざまな天体や奇妙な物質を概観しながら皆さんにわかりやすく紹介し、入門的に説明することができると考えたからです。

この世界では、主に4つの基礎的な力が宇宙を支配していますが、その中で「重力」が圧倒的な働きをしているのが宇宙という舞台です。重力は、先の指標で言えば、「大きさ」と「重さ」に関係しています。単純化してしまえば、大きければ大きい星ほど質量も大きくなり重力が強くなります。その意味で、4つの要素の最初の2つはざっくりと比例関係になっています。ただしもちろん例外もあります。それが「コンパクトな天体」と呼ばれるものです。大きさは非常に小さいのですが高密度で質量が絶大に大きいという天体で、ブラックホールや中性子星が該当します。

3つめの要素である「電気」は、広い意味で「電磁気」という分野の指標です。たとえば、ブラックホールは物を吸い込むだけでなく、超高速のジェットを宇宙空間に吐き出しています。そのメカニズムは未解決の天文学テーマですが、そこで重要な役割を果たすのがこの磁場や電場というものです。多くの銀河も同様に、電気や磁気を有しており、宇宙物理学を詳細に研究する上で欠かすことのできない要素のひとつです。

そして最後は、物質が持つ「速度」という指標です。宇宙では光をはじめ、超高速で移動するさまざまな物質が数多く登場します。皆さんは速度と言えば、「時速」「秒速」といった単位を思い浮かべるでしょうか。我々にとって身近な速いものといえば車ですが、時速60〜100キロメートル程度で走ります。一方、この世界において最高の速度をもつ光は、時速にしてなんと約10億8000万キロメートルというとんでもない数値をたたき出します。光はおよそ秒速30万キロメートルなので、そもそも車で数時間かかる距離を一瞬で追い越してしまうため、比較になりません。

速度の比較をする場合、超高速で移動する素粒子を扱うなら基本的に秒速を用います。私たちの太陽も銀河内を移動する星の一種ですが、その移動速度は秒速およそ230キロメートルとこれでも相当なものですね。地動説では中心にある太陽は動かないと考えます。でも本当はその中心だってこれほど猛烈に移動しています。銀河という集団の中を、まるで高速道路をぶっ飛ばしているように星々は移動し続けているのです。そんな速度の世界をご紹介します。

我々のような「物質」は宇宙ではマイノリティーな存在

しかし、これらの紹介を通して、私が最終的にお伝えしたいのは「我々「物質」(あとで「バリオン」という総称が出てきます)は、宇宙ではマイノリティーな存在である」

という事実です。

漫画ではよく、主人公が強くなってのし上がっていくというストーリーがあります。そしてライバルや重要な人物には必ずと言っていいほど、その身内が登場します。漫画『刃牙』シリーズでは、最大トーナメントの決勝相手は実の兄で、地上最強が自分の父親という設定がありました。『ドラゴンボール』でも、最強の戦闘民族であるサイヤ人の血をひく者たちが結局いつも勝利をおさめてきました。

しかし、現実の宇宙ではそうはいきません。バリオンが一番になることはないのです。第1章から始まるバリオン同士の戦いも、最終章を迎えるころには宇宙の片隅での出来事になってしまっています。私たちは全宇宙の物質のわずか5%にも満たない存在であることを痛感させられるのです。『ドラゴンボール』では敵の強さがどんどんハイレベルになっていくように、最終戦であるダークエネルギー対ダークマターはバリオン世界のレベルを超えた空前のバトルとなっています。たとえ天地がひっくり返っても、我らバリオン代表が主人公としてこの宇宙最強バトルに挑み、勝利することはないと言えます。

ワクワク感が多少そがれてしまいそうですが、この点はノンフィクションなので仕方ありません。それでも、いったい何が宇宙最強なのか、あなたはすでに知りたいと思い始めていませんか。ぜひ壮大な宇宙バトルの物語を楽しんでください。

アインシュタインの方程式

宇宙全体を見たときに、前述の4つの指標のうち、宇宙最強であるとは一体どのようなことで説明されるべきでしょうか。それに答えるには、この方程式がカギになります。

$$H^2 = \frac{8\pi G}{3}\rho$$

これは、かの有名なアインシュタインが導いたアインシュタイン方程式のうち、宇宙を司る(つかさど)「フリードマン方程式」と呼ばれる数式です。これこそ、まさに宇宙において

「重力を制するものが覇者となる」を表現した数式といえます。

左辺のHが宇宙の膨張率を表しており、右辺のρは、物質の密度です。宇宙全体を見たときの物質は、その総質量同士で比べるにはあまりにも広大な体積を扱うことになります。そこで、単位体積あたりにおける質量である「密度」という量で比べます。さらに正確に言うと、ρは、宇宙全体における「エネルギー密度」を意味しています。

さきほど4つの指標を挙げましたが、実は「重さ」と「速度」も「エネルギー」という概念においては同じ尺度で考えることができるようになります。たとえば、重い星の重力エネルギーと、高速度のジェットの運動エネルギーとが同じ土俵で競い合うことになります。「電気」も広い意味でいえば電気エネルギーとして同じエネルギーに括れますが、右の2つとは異なるエネルギーです。また、「大きさ」は基本的に同じ密度である星を想定すれば「大きさ」と「重さ」が比例してくるので、「重さ」に含まれます。

そういったエネルギー密度の指標で比べて初めて、宇宙全体における物質の総量が見えてきます。その内訳には、主に次の4つの物質が登場します。「ダークエネルギー」

「ダークマター」「バリオン」そして「光」です。これらが宇宙全体における物質のカテゴリーであるといえます。この内、第2章までのお話は主にバリオンが主役です。

私たちの身のまわりにある全ての物質は、「原子」で構成されています。「陽子」「中性子」「電子」の3つが織りなす世界で、これらの組み合わせによって、よく知られている周期表が成り立っています。そこに登場する元素を用いると、私たちの身のまわりの全ての物質が作られる仕組みです。これらを総称して、「バリオン」と呼びます。

正確には、「3つのクォークで構成された結合粒子」を意味するので、陽子、中性子などを指しますが、広い意味では全ての元素はバリオンであると言って差し支(つか)えありません。私たち生物はもちろん、地球も太陽も、身の回りにある普通の物質は、このカテゴリーに属しています。そんなバリオン世界の宇宙における代表的な存在が「星」です。

そこで、まずは星同士のローカルな戦いから、コマを進めていくことにしましょう。

第1章

星部門

「天体」は宇宙に存在する物質の総称

いますぐ本題に入っていきたいところですが、その前に少しだけ、基本的なお話をさせてもらえればと思います。

宇宙には無数の星が存在しています。夜に見上げた星空はそのごくごくわずかな一部でしかありません。私たちの天の川銀河だけでも数千億個の星があると考えられています。

ちなみに、宇宙に存在する物質のことを「天体」といいますが、これはとても広い意味合いの用語です。「星」というのはその中で、「自ら光ることができるもの」のことで、いわゆる「恒星」のことです。主に水素やヘリウムといったガスでできています。私たちが知っているいわゆる太陽もこの部類です。

なお、本書では「太陽」というと、「私たちの」がついたおなじみの「ザ・太陽」の意味で使う場合と、一般の「星」を指す「太陽」という2種類の使い方が登場するので、その都度文脈でとらえてもらえればと思います。

一方で、たとえば地球や木星は自ら光ることはできません。あくまで太陽の光を反射させて光っているにすぎません。このような天体を「惑星」といいます。サイズが小さいものは「準惑星」、もっと小さいものは「小天体」と呼んでいます。また、惑星のまわりを回る月は、「衛星」と呼んだりします。

他にも、星となる材料のガスが塊としてあるものは「星雲」といいます。その中の一部がある一定の重さ以上に集まると自ら光ることのできる星になるのです。通常、私たちの太陽の質量の8％程度（およそ1・6×10^{29}キログラム）が核融合に必要な最低質量だといわれています。

星が無数に集まると「星団」、その星団がさらに集まったものを「銀河」と呼びますが、これらも「天体」です。このように天体とは、宇宙に存在する物質をかまわず総称するかなり広い言葉なのです。

星には7つのタイプがある

無数にある星も大きく大別するとおおよそ7つのタイプに分けることができます。これらは全て、私たちの太陽と同様に、そのまわりを回る惑星を有している可能性があります。つまり、宇宙には7つのタイプの太陽があるともいえます。

星は通常、水素やヘリウムといったガスが核融合により燃焼することで自ら輝き、やがて寿命を迎えます。「主系列」と呼ばれる太陽のメイン活動期は、もしも人間のように100歳を寿命と考えるならば、およそ生まれてから90歳ぐらいまで続きます。私たち人間と比べると羨ましいほど最後まで元気に活動的でいられるといえます。

さきに言っておくと、宇宙にはメイン活動期以降の天体もありますし、巨星や変光星、さらにはコンパクト天体など、数多くのバリエーションがあります。全てを分類しようと思うと、きりがありません。それでも、星の活動期のほぼ9割がこの主系列星なので、7つの分類は、星を理解する上で大変重要な指標となります。

7つのタイプは主に太陽の色によって大別されます。天文学では、このタイプ分けのことを「スペクトル分類」と呼びます。スペクトルとは星から発生する光の波長です。難しいことを抜きにすれば、星の「色」で分類されていると考えて差し支えありません。それは、次のような分類です。

青……OB型
青白……A型
クリーム……F型
黄（緑）色……G型
オレンジ……K型
赤……M型
褐色……LYT型

分類法にはハーバード型などいろいろありますが、ここでは最も一般的な「MK分類」に基づいています。OB型は正確にはO型とB型という別のクラスですが、ざっくりと2つをまとめて分類しました。

同様に、LYT型も3種類異なる型ですが、全て褐色矮星としてまとめています。このクラスは、太陽としては注意が必要です。通常、星の定義は「水素の核燃焼をすること」ですが、これらはもっと軽量（太陽質量の1％程度）で、水素とは少し異なる重水素による核燃焼をします。いわば、ギリギリ正式な星になれていない「星候補生」です。これを「矮星」といいます（またのちほど少し触れます）。

ちなみに、それぞれの型のアルファベットはなにやら意味ありげですが、単純に該当する星が発見された順にAからつけていき、あとで新たな分類が増えたりした結果、こうなっただけです。ウィキペディアでも、ある星の名前を検索すれば「スペクトル分類」という項目にどの型かが記されています。

たとえば有名な星はどのタイプに分類されているでしょうか。以下は小学校の理科でも習う、季節ごとに目立つ主立った星です。

〔春の大三角〕スピカ……B型　デネボラ……A型　アルクトゥルス……K型
〔夏の大三角〕デネブ……A型　ベガ……A型　アルタイル……A型
〔秋の大四辺〕マルカブ……B型　アルゲニブ……B型　アルフェラッツ……B型
　シェアト……M型
〔冬の大三角〕シリウス……A型　プロキオン……F型　ベテルギウス……M型

また、星の色による分類は星の「明るさ」にも対応しています。青いOB型の星がいちばん明るい星で、青白のA型、クリーム色のF型……の順に明るさは落ちていきます。加えて星の「重さ」、つまり質量も基本的にこの順番です。星が明るいのは星の内部で水素やヘリウムなどの元素が燃焼しているからです。最重量クラスのOB型は、単純にこの水素とヘリウムのガスの量が多いので重いのです。

材料が多いならその分長く燃えていられそうですが、星は重い分、重力で一気にその材料を使い果たしてしまうので、明るく短時間で燃え尽きてしまいます。材料が少なくても長く燃えている暗い線香花火と、一瞬で明るく燃える打ち上げ花火に似ています。つまり、重い星ほど明るく燃え、短命となります。たとえば1等星のレグルスやスピカはB型で、非常に明るく、質量も巨大で太陽のおよそ10倍です。なおOB型の星では、質量が太陽の8倍以上のものは超新星爆発と呼ばれる壮絶な死を迎え、太陽の30倍以上のものは超新星爆発のあと、ブラックホールに変わります。

星の「寿命」も、このタイプによって決まります。先に述べたように、燃料となる水素やヘリウムの量が多いほど、星は自分の重さで急激につぶれるので、重い星ほど急速に明るく燃えて、短命となります。

星の寿命は、《約100億×Mのマイナス3乗（年）》という式によって決まります。Mは太陽質量の何倍かを示す値です。これをあてはめると、各タイプの星の寿命は以下のようになります。

ＯＢ型……約１０００万～１億年
Ａ型……約４億～12億年
Ｆ型……約30億年
Ｇ型……約１００億～１５０億年
Ｋ型……約２００億～１０００億年
Ｍ型……約１０００億～10兆年
ＬＹＴ型……約１０００兆年～ほぼ死なないほどの長寿

このように星の色は、それがわかるだけで星の明るさ、質量から寿命までわかってしまう、非常に重要な情報なのです。そして恒星のこれらの性質は当然、その周囲を回る惑星にも大きく影響します。ということは、地球人に限らずおそらくすべての宇宙人が、この分類を重視することになるでしょう。

分類	色	寿命	性質	代表的な星
OB型	青	約1000万～1億年	最重量型	スピカ、マルカブ、レグルス
A型	青白	約4億～12億年	標準型	デネボラ、デネブ、ベガ、アルタイル、シリウス
F型	クリーム	約30億年	中量型	プロキオン
G型	黄（緑）	約100億～150億年	軽量型	太陽
K型	オレンジ	約200億～1000億年	低温型	アルクトゥルス
M型	赤	約1000億～10兆年	極低温型（巨大型）	ベテルギウス
LYT型	褐色	約1000兆年～ほぼ死なないほどの長寿	未熟型	インディアン座εB星、グリーゼ229B星

ここでざっくりと7つのタイプの太陽を、その性質を表すように示しておきましょう。OB型とF型は、「重量型」と「中量型」といえます。A型は宇宙ではもっとも標準的な重さの太陽なので、「標準型」です。我々の太陽が該当するG型は、「軽量型」になります。それよりも軽いK型、M型はそれぞれ「低温型」「極低温型」と温度で表現してみました。M型はさらに特徴として、赤色で巨星のような巨大なタイプが多い特徴を持ちます。軽いのにブヨブヨで大きいので、太っているキャラに近いかもしれません。別名として「巨大型」といっていいかもしれません。最後の、星になりかけのクラスLYT型は「未熟型」といえま

す。

還暦の太陽が白骨化するとき

先ほども述べたとおり、私たちの太陽はG型と呼ばれ、黄緑色に対応しています。7つの星の並びのちょうど真ん中あたりの軽量型に属します。私たち太陽の寿命を100歳とすると、現在およそ50歳から還暦を迎えたあたりなので、イメージとしては黄緑の肌をした初老といったところでしょうか。私たち太陽系の惑星、小天体の代表者ですから、顔はシャープにかっこよく想像して頂きたいですね。

太陽は寿命のうち、90歳までは現役バリバリの活動をします。そして残り10年ほどで巨大化したり、ときに爆発をして姿を変化させるのです。老人を引き合いに出してたとえると……不謹慎と言われそうなので自粛いたします。私たち太陽の場合、赤色巨星になり、最後は爆発せず徐々に白色矮星へと変貌します。いわゆる星の白骨化というイメージです。

巨大な星は、その内部で炭素以上の元素を核融合によって形成しています。そして星が寿命を迎え、超新星爆発によって死ぬと、その内部の元素が宇宙空間にまき散ります。やがて鉄などのとても重い元素を核にして岩石として固まり、我々が住んでいる地球のような惑星になります。また水素やヘリウムなどの軽い元素が集まって、木星のようなガス惑星にもなります。その量が再び一定の質量を超えると、新しい星として命を得ることになります。

また、この超新星爆発の際に、鉄以上の重い元素が爆風の中から生まれることもわかっています。たとえば、金やプラチナといった貴金属です。お金持ちの指で輝いている宝石もそんな爆風の中で壮絶に生まれた星の死骸ということになります。他にも、原子炉で用いるウランという元素はこのようにして自然界でできる最重量の元素です。太陽光から、惑星という居住環境、さらにはエネルギー源となる物質も、すべては前に亡くなった巨大な太陽さんのおかげということになります。

日本では火葬場で遺骨を参列者がお箸で拾い納骨する風習がありますが、もしこれが太陽ならば、その拾い集めた遺骨の中に新たな惑星や生命となる元素や、場合によっては金やプラチナといった貴金属が埋まっているのです。星が死んだ遺骨の中から、さまざまな惑星や金属、新しい星として再び、生まれ変わると考えると、星も立派に後世に遺伝情報を伝えている生命のように思えてきます。

太陽世界の常識

紹介した7つの色は、それぞれの太陽のタイプごとに決まっているもので、これによって基本的には質量も明るさも寿命さえも完全に決定しています。「人類はみな平等」と謳(うた)いますが、星ははっきりとした階級差のある集団といえます。それが星の世界なのです。

まるで7色の虹のような並びですが、この中では青色から先頭に、より高温で重く、褐色矮星にいくほど低温で軽い太陽になっています。これら7タイプの太陽たちが勢ぞろいした姿を見ると、もし全員が仲間ならまるで日曜朝に放送している戦隊シリーズを連想してしまいます。普通、戦隊ものでは、「必ずレッドがリーダー」と相場が決まっています。しかし、ご覧のようにこの太陽戦隊は濃い青色、あるいは紫色がリーダーとなっています。お子様には混乱させてしまいそうです。赤色は、最弱ではないですが、いわゆるブービー賞のクラスなので、列の中央にきて偉ぶることはできなそうです。

青色のOB型は、「最重量型」の太陽です。星の世界では「重い星ほど、明るく早く燃え尽きる」ということになっています。極めて明るく輝きますが、その分寿命は超短命です。さきほどの私たちの太陽の寿命を100歳とすると、せいぜい1歳までしか生きられません。

続いて、A型の青白太陽は「標準型」の太陽です。このタイプの星が宇宙ではもっともポピュラーな太陽なのです。青白いきれいな髪をロックスターのように逆立ててキメていることでしょう。星界のザ・マジョリティーですから、プライドも相当高そうです。そんな彼のタイプは、さきほどの寿命の例で言えばせいぜい12歳まで生きられれば十分といったところです。小学生までか、とちょっとかわいそうになりますが、この年齢はあくまでG型を１００歳にした設定だからです。彼らの基準では、G型のほうがむしろ不自然に長寿ということになるのでしょう。人間の時間単位でいえば、A型太陽は約４億から12億年の寿命だといわれています。

G型より先は、さらに長寿になります。たとえば「低温型」の寿命は最長で１０００億年もあるといわれています。現在１３８億歳の宇宙にとって、まだまだ終わりは長いようです。もしこの７人が壇上でバトルを繰り広げるならば、この点を有利とみて、褐色矮星あたりが「それなら寿命で勝負しろ！」とか標準型太陽に向かって啖呵（たんか）を切りそうです。それに対して、標準型も、負けじと言い返します。

「貴様ごとき、下等星がなにをぬかすか」と高いプライドの逆鱗（げきりん）にふれて一触即発といったところかもしれません。

太陽の候補生

ＬＹＴ型の褐色矮星は、星でいえば最低ランクのクラスです。太陽系では木星もあともう少し質量が増えればこのクラスに入れる可能性がありました。正確に言えば木星の質量が13倍になっていたら、褐色矮星という最低ランクの星に昇格できたのです。これは我々の太陽の質量の1％に相当します。

惑星と星の違いは、自ら光ることができるかできないかにあります。ここまで重くなれば重力によって水素の核融合が始まり、自ら燃えることができます。ここでいう「最低クラス」とは、正規のルートの核融合ではないという意味です。正式な核融合は太陽質量の8％はないと始まりません。その意味でこのクラスの星は、星の見習い候補生ともいうべき「未熟型」の太陽なのです。そのことを宇宙標準の太陽からは、なじられてしまうかもしれません。

質量、明るさといった標準的な物差しでは、勝負にならないほど各太陽タイプには歴然とした差があります。長寿勝負なら、褐色矮星はほぼ無限大なので、亡くなる心配がなさそうです。言い争っているうちに、相手の星が大爆発してご臨終というあっけない結末になることだってありそうです。

ブラックホールになれるのは最重量型のトップガン

お待たせしました。ここからはイメージを膨らませていただくために、独断も含めて星たちにキャラクター付けをしていきます。

＊

「最強」を目指して競い合う星たちが、闘技場に一挙集合しています。

7タイプの星たちの中で、ひときわ綺麗(きれい)な星が立っています。すらっと伸びた身長に長く美しい髪をなびかせて、闘技場の観客たちを見下ろしています。標準型の太陽も彼女の前では、まるで女王様と家来のようです。この美しい星はもちろん「最重量型」太陽さまです。

「わらわの名はスピカ、星世界の王族である」

それに続いて標準型のシリウスが、「皆、頭が高いぞ、ひれ伏せい〜」と合いの手をいれます。ちなみにスピカ自体は連星で、太陽の7倍という大質量の家来がつねにかたわらに控えています。

さて、圧倒されているのも束の間。突然、スピカ王が風船のように身体を急激に膨らませます。なんと、超新星爆発を起こしました。美人短命とはまさにこのこと。一瞬のきらめきのあとに、この世でもっとも美しい爆発の最後を迎えます。超新星爆発を起こす基準は太陽質量のおよそ8倍といわれています。

そして、爆風の中から今度は全く違う姿でご登場です。あまりに突然の出来事に観客は何事かとあっけにとられています。

現れる姿は天文学的には主に2つあります。爆発前の質量が太陽質量の10倍以上なら「中性子星」と呼ばれるものに、30倍以上で「ブラックホール」になります。

「乙女座のスピカ選手、一体どうしたことでしょう?」

司会者が様子を見に行くと、サイズが極小の高密度天体が姿を現しました。これが中性子星です。ブラックホールになった方がお話としては面白いかもしれませんが、スピ

キララァ

カの質量は太陽の11倍程度ですから、あくまでここはノンフィクションです。

実は中性子星になっても、さらにまわりからガスを吸いつくしていくと質量が増し、場合によっては、限界質量を超えてブラックホールにレベルアップするなんてことも可能です。ここまでになれば、まさに『ドラゴンボール』のフリーザの第3形態のような変貌ショーになりそうです。しかしそのためには、標準型のシリウス星を何十人と食い尽くさないといけません。漫画にしたとしたら、おそろしい地獄絵図になるでしょう。

中性子星は非常に謎の多い超高密度天体です。大きさは半径約10キロメートルと天体にしては非常に小さいのに、質量が太陽と同程度なので、ブラックホールを除けば、密度がこの世でもっとも高い物質といえます。角砂糖1つの大きさでおよそ10億トンという想像を絶する重さです。また、あとで紹介するように、強力な磁場を持ち合わせているので、ときに「マグネター」と呼ばれる磁場天体になったり、「パルサー」という電磁波を周期的に放出する天体にもなります。まさに多趣味なお方です。

皆さんも、春の空の大三角形を見つけたら、その1つの1等星スピカを見つけてみてください。そして巨大な乙女座の指に輝くダイヤモンドリングのようなスピカの末路をご想像してお楽しみください。

あれこれと述べてきましたがひとまずここでは、ブラックホールや中性子星といった特異天体は、7つのタイプの太陽のうちこの最重量クラスのさらに一握りのエリートしかなれないということを覚えておいていただければと思います。映画『トップガン』のように、星界のエリート中のエリート数%だけのチーム「トップガン」こそ、彼らブラックホールの候補星たちなのです。

ご近所の太陽

では今度は、ご近所の太陽に注目してみましょう。

私たちの太陽から一番近くに存在するのが、約4光年先にいるケンタウルス座アルファ星です。これは3重連星で、「軽量型」「低温型」「極低温型」の3つがお互いのまわりを回っている、いわば3兄弟です。色もそれぞれ黄色、オレンジ、赤と実にカラフルでいいですね。私たちの太陽とも同じG型で、ご近所ということもあり、アルファ星とは意気投合できる部分がありそうです。

私たちの太陽がアルファに向かって言います。

「アルファ氏よ。これ見ておくれよ。なんか俺のまわりを回る惑星のひとつに、表面にうごめいているものがあるんだよ……」

生命や文明の痕跡といったところでしょうか。私たちの地球に、太陽様がご注目されました。

次に近い位置にいる有名どころとしては、おおいぬ座のシリウスです。距離にして約8・6光年の位置にあり、A型と白色矮星の2重連星で、50年の周期でお互いを回っています。少年漫画では、主人公がライバルたちを仲間にして、より強敵に立ち向かうという構図がよくあります。最初はライバルであった彼もきっと、対立を繰り返しながら、いずれは共闘する仲間になるはずです。もちろんそれまでには何話も使って、ソル、アルファ対シリウスのシリアスなバトルシーンがふんだんに登場するはずです。ベジータ的なかっこよさがあるA型星には、クールなバトルシーンが似合います。

そして、きっとそんなシリウスとソルたちの間をとりなすキャラが、「中量型」のF型太陽です。私たちの太陽から3番目に近い、約11光年先の距離にあるプロキオン星がまさにこのタイプです。私のイメージではプロキオンは女性で、G型をいじめてくるA型から守ってくれるお姉さんキャラだったらいいなぁと想像しています。

というのは、プロキオンも連星であり、白色矮星を伴っています。こいぬ座の1等星としても知られるプロキオンA星はクリーム色のきれいな星で、その近くを公転している小さなB星は、かわいいチワワを連れているイメージになりそうです。そんな三者のわちゃわちゃした仲良し感が演出できれば、作品としては盛り上がること間違いなしですね。あとは読者の方の想像にお任せします。

ちなみに、中量型であるF型は、寿命の観点から宇宙人がいるかどうかのクライテリオン（判断基準）になっている星です。地球の生命の歴史をみると、生命の誕生は今からおよそ38億年前とされています。そこから「真核生物」という、動物・植物・菌類などに共通した細胞核をもつ細胞の形状までおよそ13億年も費やしています。さらに多細胞生物の爆発的多様性を生んだカンブリア大爆発が、今から5・5億年ほど前なので、この間、およそ20億年という長い時間を進化の待機のような状態にあてたことになります（もちろん進化は知的生命になることを目的としているわけではないので、この期間を待機と表現するのは語弊がありますが）。

つまり、知的生命である高度な生命体になるためには少なくとも、進化にとって30億年程度の長い時間が必要だといえます。もちろん生命は星ではなく、そのまわりの惑星の上ではぐくまれます。しかし惑星は基本的に太陽活動に依存しているので、太陽の寿命は惑星の活動と密接な関係があります。その観点から言ってちょうどギリギリなのが、F型太陽だと言えます。つまり「宇宙人はどこにいるのか」の1つの答えは、太陽が少なくともF型より長寿のタイプである4種類ほどに限定されるのではないかという予想が立つのです。

さて、これらご近所の太陽たちはどれも2つ以上の連星でした。また、G型、A型、

F型、白色矮星と、さまざまなタイプが勢ぞろいしています。これらが共闘し、最強の重量級星に挑む——そんな努力・友情・勝利の物語を期待したくなりますね。「最強アンタレス将軍登場」回など、さまざまな星キャラが登場する物語が広がります。これまで星座をキャラにした漫画はありましたが（『聖闘士星矢』が有名ですね）、星それぞれを擬人化してキャラクターにしたものがあったでしょうか。漫画・アニメ制作する際は、ぜひ私にお声かけください。

必殺、超新星爆発！

なお、超新星爆発という現象は最重量型だけの特権ではありません。それよりも軽い太陽が白色矮星となって死んだあとにもそのチャンスが訪れます。宇宙は白骨天体にもう一度最後の花道を与えてくれるのです。それが「Ｉａ型超新星爆発」です。超新星爆発にもタイプがあるのです。

星同士は、実はほとんど衝突したりしません。２つの星が近づくと、ほとんどは連星といって、お互いのまわりをまるでダンスの様にクルクルと踊り続けます。ここでは星対決と舞台上で対決させていますが、ほとんどは、温厚で勝手に踊り始める平和な世界のようです。

ただしここに3つめが加わると話は別で、「三体問題」と呼ばれる複雑な軌道となり、不安定化して、時に弾き飛ばされたりします。乱戦勃発です。ちなみに、有名なSF小説『三体』はそんな三体問題を設定に用いたものです。個人的には、太陽が不安定軌道にある状況で進化に必要なほど長期間安定的に存在する惑星は考えにくいようにも思います。しかし宇宙には私たちの常識を超えた天体が実際に見つかっているので、『三体』の設定のような宇宙人文明もどこかにあるのかもしれませんね。

さて、白色矮星の爆発に話を戻すと、単独では爆発もせずおとなしく宇宙に漂い続けます。しかし、もしもそばに星やガス雲があれば、それがさきほどのダンスの相手のように白色矮星のまわりを回って、重力で引きちぎられ、白色矮星に降り積もっていきます。これが一定の限界質量を迎えると、Ｉａ型超新星爆発という最後の大活躍を果たすのです。擬人化したキャラなら、白骨死体が急に光って爆発する状況なので、ゾンビのような活躍ですね。

超新星爆発はものすごい衝撃波が出ます。本来、宇宙は真空で音がありませんが、仮にこれを音に換算したとすれば宇宙最上級の爆音になるはずです。

超新星爆発は音に換算すると350デシベル程度と言われています。私たちの日常会話が60デシベル程度、100デシベルで騒音と感じるレベル、150デシベル以上で鼓膜が破れるレベルです。広島の原爆の爆発音が250デシベル程度ですから、おそろしくなりますね。宇宙がサイレントな活劇で本当によかったと思います。

超新星爆発のさらに規模が大きいものを「極超新星爆発」といいます。これは宇宙一明るく輝く天体現象である「ガンマ線バースト」にも関係しています。

ガンマ線バーストとは、ある天体から短い時間間隔で発せられる高エネルギーの電磁波放射現象です。ガンマ線と光は、放射線として有名なX線よりもさらにエネルギーの高い電磁波です（もちろん人体には大変有害です）。それが数十ミリ秒から数百秒というごく短い時間で放射されます。このメカニズムは今も未解明の部分が多く、さまざまなバリエーションがあると考えられています。いずれにしても、宇宙のきわめて遠方で起こった巨大な星の超新星爆発が関係していると考えられています。

とにかくこの高エネルギー放射現象は、エネルギー的に宇宙最大規模だと言っていいでしょう。極超新星爆発は太陽タイプでいえば、「最重量級」のエリートにだけ許された超絶進化なのです。女王がふんぞり返っていた理由がよくわかります。

大きさランキング

次にご紹介するのは、「大きさの対決」です。

主系列の7タイプでは最重量型に分がありますが、赤い「極低温型」にも勝つ見込みはあります。というのも、極低温型であるM型には巨大化している星も多いからです。質量が軽めで大きいので、擬人化するなら水太りのようなブクブクのキャラクターになるでしょうか。

ここでは私たちの太陽の大きさを基準にその何倍かで大きさを示しましょう。さきほどご臨終されたスピカ選手は太陽の7・5倍程度でした。星座として有名な星の中から大きさ自慢の目ぼしい恒星を挙げていきます。以下、身長計で測定しているイメージでご覧ください。

まずは、オリオン座リゲル選手。オリオン座の右下で輝いている星ですね。青色超巨星です。サイズは約80倍です。「巨星」とは、主系列を終えた後の膨張期の星で、もう寿命間近の星です。さらに「超」とついているので、その大きさは規格外です。ではリゲル選手、一言お願いします。

「俺はリゲル。スーパースターさ。なんと本当は4重星なんだぜ。その中でも俺は圧倒的で、重さはなんと約23倍！　残り3人は俺の舎弟なのさ！　センキュー！」

続いて、白鳥座のデネブ選手。白色超巨星です。サイズは約100倍。素晴らしい！

「デネブです。わたくし、白鳥座のお尻に位置しておりますが、とても清潔です」

美しさとのギャップに会場中が爆笑に包まれます。

ここで赤色M型太陽界の兄貴が登場します。そう、さそり座のアンタレス兄さんです。赤色超巨星で、なんとサイズは約700倍。さすが次元が違います。ブヨブヨで巨大化とバカにしていると、一瞬で踏みつぶされてしまいそうです。マッチョのポーズをしながら「星は……星は大きさが全て！」とドヤ顔でキメます。

この星を含む星座は非常に目立つ星の並びをしており、さそり以外にも古来からさまざまな呼び名があります。たとえばハワイの神話では魔法の釣り針とされていました。巨大で赤く輝く1等星のアンタレスは、その中心的象徴です。アンタレスという固有名はアンチ＋タレスからきており、「火星（タレス）に対抗するもの」という意味です。なお、タレスとはもともとギリシャ神話の戦いの神「アレース」からきており、戦の象徴であったようです。あのアレキサンダー大王も戦の出陣の際には火星に祈っていたとか。そのタレスに対抗しているアンタレスも強そうです。

また中国の天文学で用いられた二十八宿では、さそりの東部を房宿、心臓部であるアンタレスを含めた部分は心宿、さらに尾っぽの部分は尾宿と、3つの星宿に対応してい

ボオオン

ました。その象徴は巨大な龍の姿のようでもあり、陰陽道の四神として東の守りを担う「青龍」の一部に見立てられています。

「わしがアンタレスじゃ！　我らＭ型こそ、星のキングじゃ」

以下、登場する星は基本Ｍ型しか現れません。まさに星界の巨星の名門。まるで相撲部屋のようです。

次はこちらも超有名人、ベテルギウスさんです。赤色超巨星になります。サイズは……およそ８００倍。私たちの太陽と比べるとおそろしくサイズが上がっています。

「ご紹介にあがりました、ベテルギウスです。うっ……実はもうすぐ爆発しそうで（げっぷ）」

口を押さえるしぐさに、観客が一瞬ひるみます。ベテルギウスはまさに超新星爆発する寸前と噂（うわさ）されています。衝撃波をくらったら観客もたまったものではありません。

残りの選手に対して大慌てでスタッフが測定を終え、ついに最終順位が発表されます。3位から1位にはメダルが授与されます。3位はおおいぬ座のＶＹ星さん。こちらも赤色超巨星で、サイズはおよそ1500倍です。ベテルギウスさんの倍近く、ひぇ〜。これはさきほど紹介した「極超新星爆発」をすると見られており、ガンマ線バーストを起こす天体になれるエリートの資格をもった星です。

VY星という名前は、変光星の分類手法からきています。「変光星」とは、明るさが一定でなく時間的に変化するような星たちです。アルゲランダー記法と呼ばれる命名法で、ある星座で変光星が発見された順番に1番目から9番目にR、S、……、Zと続き、10番目から54番目はRR、RS、…RZ、……、ZZと続いていきます。VYとはこの記法の43番目に相当しているという意味です。

銀メダルに輝いたのはWOH G64さん。どうやらかじき座の方角にある、大マゼラン星雲在住の星のようです。なんとこの星、もし私たちの太陽の位置にいたら地球はおろか木星まで飲み込む大きさです。太陽の約1600倍だそうです。

「WOHって言います。よくWHO（誰?）と間違えられますが、よろしく!」

そして栄光の金メダルは、たて座UYさん。これも変光星の分類から来る命名です。

大きさランキング		
1位	たて座UY	太陽の約1700倍
2位	WOH G64	太陽の約1600倍
3位	おおいぬ座VY星	太陽の約1500倍

もちろん赤色超巨星で、なんと約1700倍!! 私たちの太陽系なら、土星までも飲み込んでしまう大きさです。

「UYです。どうも金メダルありがとうございます! ここまで大きくなれたのも、うまい飯を食べたおかげ、両親のおかげです。感謝を言いたいです」

ここで「両親のおかげ」と彼が言っているのは、親にあたる星が超大型であったことに関係します。星はとにかく重力で集められるだけの材料となるガスが近くにないといけません。通常、親にあたる星が爆発してその残骸の中からもう一度材料が集まって星になります。つまり、大きな星の一世代前の星は、やはりそれだけ材料となるガスを豊富にもっていた超重量級の星であった可能性が高いのです。

そんな宇宙レベルのビッグサイズな選手たちが表彰台で輝い

ています。

磁気ランキング

続いて、電気対決に参りましょう。電気と磁気とは密接に関係しているので、磁気の強さランキングで肩慣らしです。目ぼしい磁場自慢の、磁石男たちが舞台上に勢ぞろいしています。

まずは我らが地球に登場してもらいます。表面のみでわずか0・5ガウス程度と振るいません。「ガウス」とは磁場の単位です。

次に、私たちの太陽が登場しました。磁力線の束が内部から表面に貫いている場所を黒点と呼びます。そこでおおよそ1000ガウス。急に値が大きくなりました。

しかし、メダル争いはさらに文字通り桁違いのレベルになります。第3位は白色矮星さん。およそ10億ガウスです。太陽程度の軽い星の最後の姿で、これも強い磁場を兼ね備えています。さきほど「ゾンビ」という表現をしましたが、磁石能力が加わって、なんでも吸い寄せるゾンビになります。

「私のような白骨天体にこんな賞をいただけるなんて光栄です。長生きはするもんですな〜」

第2位、銀メダルは中性子星選手。およそ100兆ガウスです。こちらも再登場の中性子星です。ほぼ中性子が主成分となって高密度に圧縮されてできた天体なので、その際に強力な磁場を獲得します。その内部にはまだまだ未知の物質が存在すると考えられ、素粒子物理学としても研究フロンティアなのです。

「どうも中性子星です。銀メダルありがとうございます」

栄光の金メダルに輝いたのは、マグネター選手。その磁場はなんと約1000兆ガウスです。「マグネター」とは中性子星がもとになっている天体で、極端に強い磁場を持ち大量の高エネルギー電磁波を放出する、名前の通りマグネットの権化です。その磁力は、もしも人間が近づいたら約1000キロメートルの距離でも細胞組織が破壊されて生命活動を維持できなくなるほど強力です。マーベル映画の「X-MEN」シリーズに

磁気ランキング		
1位	マグネター	約1000兆ガウス
2位	中性子星	約100兆ガウス
3位	白色矮星	約10億ガウス

最強の敵、マグニートーというキャラクターがいますが、彼こそまさに天体界のマグニートーと呼べるでしょう。近代文明の建築物はほとんど金属ですから、磁場を操る能力はまさに最強ですね。それでは優勝コメントです。

「よく引きが強いって言われますが、今回は金メダルゲットしました。ザ・ハンドパワー！」

両手の手のひらを観客にかざして、お決まりのポーズでしめます。磁力で観客たちが持っているクレジットカードやポイントカードの磁気記録がすべて吹き飛んでしまいました。

電気ランキング

電気対決では煌(きら)びやかなバトルが期待できそうです。ここでは天体全般を含めたランキングをご紹介します。

電気といえば、身近なレベルでは静電気が浮かびます。これはおよそ1000から1万ボルトという高い電圧です。しかし致命傷にならず痛い程度で済むのは電流量が非常に少ないためです。人間が死に至るレベルの電気は電圧50ボルト以上で、電流は100ミリアンペアと言われています。これに対して静電気は数ミリアンペアしか流れていません。

落雷も電気現象です。これは電圧も高い上に電流量が多いため、直撃すれば死につながります。規模によって大きく値は変わり、電圧1億から10億ボルト、電流は5万から50万アンペアにのぼります。

これらを踏まえたうえで見ていきましょう。なお、ここでは桁がかなり大きくなっていきます。「兆」の次の単位は「京(けい)」ですが、「1京」というと分かりにくいので、「1万兆」という表現にしましょう。その次の単位の「1垓(がい)」は「1億兆」になります。

銅メダルは磁気に引き続き、中性子星選手です。電流約1000兆アンペア、電圧約3・8万兆ボルトです。いきなりおそろしい単位になりました。

ここではこの電力量がいったいどれくらいスゴイのか、地球のエネルギー消費と比べてみましょう。地球の全世界の年間消費電力は、年間約8700万兆ジュールと言われています。電力は電流×電圧から導かれるので、中性子星選手は1秒間に1000兆×3・8万兆の電力を生み出します。これは地球の約0・44兆年、つまり4400億年分のエネルギー消費に対応しています。「一生食っていける」とはまさにこのことでしょうか。

中性子星はスーパーサイズのオーロラも身にまとっており、キャラ付けするなら、魅惑のオーロラベールをかぶった電気マスターといったところでしょうか。ミステリアスでかっこいいですね。しかし、胸には少しダサめの雷のロゴが入っているかもしれません。それでは受賞コメントです。

「どうも磁気ランキングの銀メダルに続き、ありがとうございます。このTシャツかっこいいでしょ！　サインするので、みなさんもぜひご購入ください」

「フレミングの左手の法則」ポーズをとった両手の指先からは、ビカビカと雷のような電気が発生していいます。超かっこいいのに、ファッションセンスはいまいちのようです。

続いて銀メダルは、超大質量ブラックホール選手です。最重量型から生まれたブラックホール、そのさらにその進化型となります。

ブラックホールもネタが豊富です。物を吸い込むイメージが強いブラックホールですが、実は「ジェット」と呼ばれる高速のガス噴射を伴っていることが知られています。その速度は光速度にも匹敵するほどですが、加速機構にはまだまだ謎が多く、天文学の重要なテーマになっています。磁場が大きく関係していることもわかっており、この巨大な電場（電気力の働く空間）はそれにも関係しています。電圧はおよそ1000万兆ボルトと強烈ですが、電流の値は実は不明です。もしかするとそこまですごくない可能性もあります。

「どうもありがとうございます。長い名前ですが、よく知り合いからはBHって呼ばれます」と突然、頭の上から一直線にジェットが噴射して天高くあがります。ジェットの先を見上げる観客たち。

「失礼しました。うっかりジェットとか出しちゃいます。これ一応、必殺技にも使えて……」

両手の手のひらを合わせて、「J・E・T……ジェット波〜」……おなじみのかめはめ波を連想いただければ幸いです。

そして最後、金メダルに輝いたのは、電波銀河選手です。「電波銀河」とは、活動期にある銀河の一種です。現在の天の川銀河も含めて多くは、すでに活動期を過ぎた老いた銀河です。しかし、宇宙の遠方から長い時間をかけて地球に届いて観測された銀河、つまり過去に存在していた銀河は、非常に活動が活発な時期にあり、光の中でもとくに電波（周波数が10メガヘルツから100ギガヘルツ）を中心とするものが大量に放出されています。

この放射の発生に電波銀河が有する莫大（ばくだい）な電気量に関係しているのです。なんと約100万兆アンペアと宇宙最高レベルで、中性子星のおよそ1000倍！　彼の電波なら1ミリ秒で中性子が1秒間に生み出す電力量と同じだけの電力を生み出します。わずか

電気ランキング		
1位	電波銀河	電流約100万兆アンペア
2位	超大質量 ブラックホール	電流不明 電圧約1000万兆ボルト
3位	中性子星	電流約1000兆アンペア 電圧約3.8万兆ボルト

1ミリ秒で地球の電力約4000億年分がまかなえるって、一体どんだけ太っ腹なんですか、電波銀河先生!

「どうも電気ランキングの金メダル嬉しいです。ありがとうございます。お礼といってはなんですが、あとで会場中の皆さんに私がごちそうしたいと思います。宇宙居酒屋「宇民」集合でお願いします」

どこまでもついていきます、電波銀河兄貴。

最後は「星」という単位を超えていささか強引な競争となってしまいましたが、これにて対決は幕を閉じます。続く次章の銀河部門はこれまでと全く異なった様相を呈することになります。

第2章

銀河部門

ブラックホールの成長物語

銀河とは、星が数千億個以上も集まった集合体です。私たちの太陽も「天の川銀河」という銀河に属しています。夜空に描かれた天の川（Milky Way）という星の道は、真っ白に輝いた一直線にみえます。これは、銀河の円盤にある無数の星々を真横からみている姿に他なりません。全く無関係の星たちではなく、同じ国に属する仲間たちといえます。

ここからは、ある青年武術家に焦点をあててみたいと思います。彼の名はMr．ブラック。ご察しの通り、ブラックホールです。しばしの間、このブラックホールの成長物語にお付き合いいただきます。というのは、ブラックホールの成長と銀河の形成は密接に関係しているからです。

時は、大昔にさかのぼります。

Mr．ブラックは、当時まだOB型の最重量級の星からブラックホールへと変わったばかりで、自分の能力を十分に発揮しきれていませんでした。その頃のライバルは、中性子星のニュートロン。オーロラのフードで顔を隠し、不気味な笑みを浮かべてMr.ブラックの前に立ちはだかっていました。

ニュートロンも出身は同じくOB型の星から生まれたエリートでしたが、質量的にはMr.ブラックに劣ります。しかし、彼は自身の才能である電気磁気の能力を最大限に発揮するために十分な鍛錬をして、この大会に臨んでいました。前章でも2つのランキングでメダルに輝いた実績が示す通り、中性子星は圧倒的な電気量と磁気を有します。その才能が遺憾なく発揮されると、「マグネター」と呼ばれる怪物に変身するとも言われています。

試合開始と同時にMr.ブラックがニュートロン目がけて、覚えたてのジェット波を両手から放ちます。光速度にも近い猛烈な速度で、一直線にニュートロンに向かいますが、彼は一切よけようともしません。そしてなんと片手ではねのけてしまいます。

Mr.ブラックは悔しさのあまり、「これならどうだ～」と、得意のジェット波の乱れ打ちの攻撃を開始します。

「おりぁおりぁ！（ドドーン、ドドドーン！）」（格闘シーンを文字で書くと、擬音のオンパレードで困ります。）

まばゆい閃光（せんこう）で、舞台上は何が何やら状況がわかりません。すると煙の中から、一切姿勢を変えずに、ニュートロン選手が現れます。

文章で書くのがしんどくなってきましたので、あとは両者が空中で火花を散らして戦っているさまをご想像ください。

実は、重力波と呼ばれる宇宙からのシグナルの観測によって、宇宙でこのような中性子星とブラックホールの連星がお互いのまわりを回っている現象が２０２１年に初めて観測されました。空中で舞いながら華麗に戦いあう両者は、現実世界の宇宙でも同じように回り続けているようです。中性子星とブラックホールとは、同じ高密度天体として、永遠のライバル関係のような深い仲であるといえます。

重力と時の部屋

さてバトルの結末は、もちろんMr．ブラックの完敗に終わりました。上には上がいることを痛感させられたMr．ブラックは失意の中、闘技場から去ります。控え室で落ち込んでいると、何者かが後ろから肩をたたきます。アインシュタイン老子です。

「どうした、ブラック君よ。おぬしの戦いなかなか良かったぞ。もっともっと修行すればきっといつかさらに高み、そう、宇宙最強へと近づけるはず。わしはおぬしの底知れぬ才能をあの試合に見たぞ」

貪欲にもっと強くなりたいと願っていたブラックは、素直に老子の言葉を受け入れます。

「しかし、いったいどんな修行をすればいいと言うんですか」

老子に尋ねると、彼はある特別な「修行部屋」があることを話します。

「いいか、私たちバリオンの究極形態である、おぬしらブラックホールの最大の長所とは何か。その場所で、そなたの答えを見つけるとよい。わしも一度その部屋に入ったが、1週間ももたずに外に出てきてしまったわ」

そう言うと、すこしおちゃらけて、アインシュタイン老子は大きくべロを出します。

「外に出てみると、なんとわずか30分も経っていなかったんじゃ。そこは時間が、外と比べると異常にすすまない世界なんじゃ」

このときの体験をヒントに、アインシュタイン老子は相対性理論の不思議な世界にのめりこんでいったとか。さておき、Mr. ブラックはその噂の神秘の修行場はいったいどこにあるのか、宇宙の果てまで旅して探しまわります。途中、天空まで伸びた長い塔を登ったり、猫の仙人と魔法の水を奪うため勝負をしたり、自称「神様」と名乗る緑の男に会いにいったり、そこは胸ワクワクの大冒険がぎっしり満載のはずです。

いよいよその修行部屋にたどり着いたブラックは、恐る恐る中へと入ります。入り口には但し書きとして「この部屋に入るもの、一度出たら二度と入ることはできない」とあります。老子の忠告を胸に、「一人前のブラックホールに成り上がるまで、決して途中退出することはしない」と誓うのでした。

部屋の中ですでに1年が経過していました。それでも外の世界では1日しかたってていないのです。老子がおっしゃっていた「おぬしにしかできない長所」とはいったいなんなのか、Mr.ブラックはその答えを見いだせないまま、強い重力が働くその部屋で悶々と時を過ごしていました。

しかし彼にとって、強い重力環境は実はそれほど負担にはなりません。なぜなら彼自身がすでに強重力だからです。むしろここには無尽蔵に豊富な食料があり、ブラックはこんな贅沢生活をして本当に強くなれるものかと半信半疑で日々を送っていました。

ある夜夢の中で、再び老子が姿を現します。

「ブラックよ。そなたはまだ自身の長所がわからぬのか。この宇宙において、最強であるためにもっとも必要な資質とはなんだ?」

ブラックが夢の中で答えます。

「より強力なジェットでしょうか?」

自分でもそうでないことは、ニュートロンの電気コントロール能力で重々わかっていましたが、苦し紛れでした。

「違うじゃろ！　ジェットなんてどうでもよい。そんな小細工ではない。もっと宇宙を根本から支配しているものの本質を……」

そこではっと目が覚めます。ブラックは、何気なく食材置場からリンゴを手に取り、ひと口かじります。するとうっかり手からリンゴが地面へ落ちてしまいました。するとその瞬間、ついにひらめくのです。

「そうか、重力だ！　宇宙は重力こそ支配的。つまり質量、重さこそが、この宇宙でもっとも最強となるための唯一無二の条件だ！」

この世で唯一、質量が減ることのない天体

長いストーリー運びにお付き合いいただきありがとうございます。

ここで何が言いたかったかというと、ブラックホールの最大の長所とは「決して質量

が減らない」という特徴です。

この世で唯一、質量が減ることのない天体。それがブラックホールなのです。他のものは、たとえば衝突をしたり、分裂したりすることでトータルの質量を減らすことがありますが、ブラックホールはそういった分裂を起こしません。質量が常に増え続けるという特異な性質をもっています。

単独ではせいぜい太陽の数十倍程度にしかなれないブラックホールですが、合体を繰り返すことで、質量が数百万倍と莫大(ばくだい)に大きくなります。これを「巨大ブラックホール」と言います。たとえば天の川銀河にある巨大ブラックホールはなんと太陽の約400万倍にもなります。この質量の増加という成長こそが、老子の見込んでいたブラックホールの長所であり、宇宙最強になりうる資格だったわけです。

この章になってようやく、最強対決において宇宙でもっとも大事な要素にスポットがあたりました。それが「天体の重さ」なのです。長くてすいません。

そのことに気が付いたMr．ブラックは、とにかくその部屋にある、あらゆる食材をこれでもかと食べ尽くします。自身の質量をとにかく増やすために。

ブラックホール成長のナゾ

単独のブラックホールから巨大化した大質量ブラックホールまで、どのように成長するかはじつは天文学でもいまだに謎が多いテーマです。

宇宙には、星々が無数に集まった銀河がこれまた無数に存在しますが、ほぼそれら銀河の中心には、1つの巨大なブラックホールが鎮座しています。

しかし宇宙のはじまりから現在までの限られた時間でこのような巨大ブラックホールへと成長できるかは、実は非常に難しい問題なのです。というのも、ブラックホール同士が衝突する確率は、広大な宇宙空間に比べればお互いが小さすぎるために、きわめて低いからです。

銀河の中心に鎮座するようなブラックホールが生まれるには、初期宇宙において、数億年のあいだに太陽のおよそ10億倍まで質量を増やさなければならないと言われていま

ムシャムシャ

す。その点、天の川銀河の巨大ブラックホールは宇宙標準からすればかなり軽いと言えますが、たとえば世界で初めて撮像されたM87銀河の中心ブラックホールは太陽質量の約65億倍もあり、「超大質量ブラックホール」と呼ばれます。

通常、巨大な星の爆発によって形成されるブラックホールではせいぜい太陽質量の100倍程度にしかなりません。それが多くの衝突により合体して、このような超大質量のものまでうまく巨大化させる必要があります。

すでに観測によって、銀河に1つの巨大ブラックホールがある現状では、宇宙が始まって数億年までにその目標値まで成長できないと、現在の銀河を再現できないという矛盾したストーリーに行き着いてしまうのです。

そのため、ブラックホールの成長物語と、銀河の形成は、お互いに密接に関連した共進化の関係にあると言えます。広大な宇宙で小さい天体同士が衝突して合体するのは、あまりに時間がかかることです。『鏡の国のアリス』のウサギのように、「時間がない、時間がない！」と宇宙の歴史を概観している第三者がいたら、きっとブラックホールの合体成長をヤキモキしながら、急かすはずです。だからこそ、Mr．ブラックにもこの特殊な修行部屋で、成長にかかる時間を劇的に短縮させて成長してもらった次第なのです。

＊

この天文学におけるブラックホールの成長ミステリーはこれくらいにして、Mr．ブラックの物語に戻りましょう。とにかくこの修行部屋で巨大化に見事に成功したブラックは、もう十分に銀河の中心に鎮座できる規模の大質量へと変貌を遂げました。

格段のレベルアップを遂げたブラックは、下界に下りてかっこいい黒のスーツで全身を覆い心機一転します。まるで『マトリックス』のネオのように、全身決め決めです。そして満を持して、この度の宇宙最強トーナメントに再出場する運びとなりました。

実は前章、電気対決にて因縁の両者はすでに再戦を果たしています。中性子星ニュートロン選手対Mr．ブラックのリベンジマッチが行われておりました。今度は圧倒的な力の差を見せつけることができたＭｒ．ブラックでした。決勝では惜しくも電波銀河選手に敗れはしましたが、大健闘の銀メダルとなったのでした。見違えたものです。表彰台では、銅メダルのニュートロン選手とお互いを認め合い、よきライバルとして友情が芽生えたようです。Ｍｒ．ブラックは心に誓います。「銀河か。宇宙にはまだまだ上がいるもんだ。俺も次は銀河クラスを目指そう」と。

ここまで長々とブラックホールを語ってきたのは、これからの銀河部門の対決に欠かせない存在だからです。いよいよお待ちかね、銀河部門がスタートします。

前哨戦——重さランキング

ただその前に、前哨戦として天体の重さランキングを発表します。天体の世界では重さこそがもっとも大事な比較要素でした。重力的にもっとも強く相手を引き寄せるには、この指標が唯一にして絶対だからです。ブラックホール種族の方には申し訳ありませんが、ランキングから除かせていただきます。

重さランキング（ブラックホールを除く）		
1位	POP Ⅲ	測定不能（太陽の約 300〜500 倍）
2位	WR 星	太陽の約 150 倍
3位	オリオン座アルニラム	太陽の約 42 倍

では銅メダルから発表します。オリオン座のアルニラム選手です。その重さはなんと、（太陽の）約42倍です。この星は、オリオンの3つ星のベルトのど真ん中に輝く星で、地球から見える星の中では最重量のものです。

「ありがとう。地球という惑星では、俺をいれた3つ星でピラミッドとかいう山を築いて、なんでも俺を讃えているとかいう噂を耳にしたよ。いや〜照れるなぁ」

ギザのピラミッドは、このオリオン3つ星を象徴しているそうです。ちょうどスフィンクスが鎮座する中央の最大ピラミッドがアルニラムということになります。

続いて銀メダル。2位はWR星選手です。重さは約150倍！　桁があがってしまいました。

「はじめまして。銀メダルうれしいっす。ウォルフ・ライエと申します」

宇宙でもっとも明るく、温度の高い部類の星で、主系列から外れたタイプの特殊なものです。ちなみにこの名前は発見者2名の名にちなんでいます。

さて、栄えある金メダルは、ＰＯＰⅢ選手です。その記録は、測定不能……。推定ですが、約３００から５００倍となっております。

ＰＯＰⅢは別名「初代星」とも言います。宇宙で最初にできた星の総称です。実はまだ観測ではこの天体をとらえられていないため、あくまで推定値を紹介しました。これら初代星が超新星爆発をして、最初のブラックホールとなり、のちに合体して、銀河中心にある巨大ブラックホールへと進化していきます。これが宇宙の構造の大まかな歴史です。

なお、この重さランキングの続きを紹介してみましょう。私たちが住む天の川銀河の中心に位置するいて座ブラックホール（ＢＨ）が太陽の約４００万倍。さらに挙げると、1兆倍以上となるのが天の川銀河全体です。銀河も数百個以上が集まると、さらに上位の階層である「銀河団」となります。私たちが属する銀河団は乙女座方角にある乙女座銀河団で、その総質量は約1000兆倍以上といわれています。

ここで見たように重さランキングは、天体としては上位に巨大ブラックホールが入ってきて、それらを中心とする銀河という集団が独占していきます。ここまでくるとランキングがあまり意味を成しません。すでに一個体の天体から銀河という集団になっており、階層がひとつ高くなっているからです。ちなみに、現在宇宙一重いと言われている銀河団はアベル2163というもので、太陽の約4000兆倍となっています。

銀河と『キングダム』

先ほど述べたように、銀河とは星が数千億個以上も集まった大集団です。

ここから銀河部門の戦いを擬人化して描こうとする場合、これまでのような「1対1」の戦いではうまく表現できません。どうしようかと考えていたある日、『キングダム』に出会いました。中国の春秋戦国時代末期を舞台に、秦(しん)の始皇帝となる嬴政(えいせい)と、その側近であり大将軍となる友、信のふたりが活躍する歴史大作です。２０２２年には実写版映画の第2弾が公開され、私もスクリーンで大興奮の中、鑑賞してきました。第3弾に続くストーリーになっており、今から続編の公開が楽しみです。

この作品では将軍が率いる兵の数がその将軍の力量を表します。信も小さな片田舎から己の剣技でのし上がり、百人将、千人将と階段を駆け上がっていきます。その戦いは数万対数万の兵数勝負となる集団戦であり、その司令官のような存在が将軍や軍師です。空中から合戦場を俯瞰すると、その戦いの様子はまるで銀河の衝突のようでもあります。そこで、銀河部門では集団戦というバトル表現を展開したいと思います。

「俺は、天下の大将軍になる男だ」

高らかに剣をかざして、信が放つ名セリフです。あまたの歴戦で勝利を重ね、戦場をまたにかけ、国そのものを引っ張る存在――そんな「天下の大将軍」がひとたび戦場に立って檄を飛ばすと、兵たちの血が沸き立ち、戦場全体が言い知れぬ興奮状態になります。信もその大将軍を目指して、自身の軍、「飛信隊」の規模をどんどん成長させていきます。

「宇宙の大将軍になりたいか〜」

突然の号令で驚かせしまいました。星の集団である銀河もひとつの軍団であると考えると、自然とイメージが湧きます。この場合の兵数は数千億に及ぶので、もちろん『キングダム』とは比較にならない規模ですが。

星ひとつひとつをあくまでひとりの兵隊だと考えてみましょう。そしてその軍団の中心にいる星を将軍と称するなら、宇宙においてそれは、まぎれもなくこれまで主役として登場してきた巨大ブラックホールです。

宇宙の大将軍となる条件

「俺は宇宙の大将軍になる！」

Ｍｒ．ブラックも大将軍を目指す若き将のひとりとなります（唐突ですが）。大将軍になりたいというＭｒ．ブラックの願望を叶(かな)えるためにも、ここで銀河中心の巨大ブラックホールになるための条件をもう一度おさらいしておきましょう。

7つの太陽のタイプにおいて、最重量級のOB型のみがブラックホールになることを許されていました。そして1つのブラックホールだけでは決して、銀河を形成する核にはなれません。いくつものブラックホールをわが身に吸収し、食って食って食い尽くした大食い王だけが太陽の数百万倍ある巨大なものへと成長を遂げるのです。まさに銀河中に鎮座し、銀河を統率する天下の大将軍という表現がしっくりきます。

Mr.ブラックもあの大食い修行を経て、その資格は十分にあります。さしずめ千人将が「星団」という星の集団にあてはまりそうなので、ブラックもまずはここからスタートといったところかもしれません。ただしこの成長をノンフィクションで描くと、まわりのブラックホールの仲間や星たちを倒すだけでなく、それらを全て食い尽くして巨大化していくことになります。主人公としてはドン引きの行動です。

ここでは、天の川銀河 vs. アンドロメダ銀河の対決をご紹介しましょう。Mr.ブラックもこの合戦で初陣を飾っているかもしれません。そして私達の太陽も、銀河の片隅でこの合戦に参加していることになります。我らの太陽のご武運をお祈りいたします。

「会場を離れまして、ここからは超巨大広角カメラ撮影による、合戦の模様をお伝えします。こちらの実況席に解説者をお呼びしたいと思います。専門家であるヘンローズ博士にお越しいただきました」

「どうぞ、よろしくお願いいたします」

「両者すごい数の軍隊ですね、ヘンローズさん」

「負けたらすべて総取り、兵隊をすべて取り込まれてしまいますからね。命がけの負けられない戦いというところでしょう」

天の川銀河の一番近くに位置する銀河がアンドロメダ銀河です。ペガスス座のお尻あたりに位置し、約254万光年先にあります。天の川銀河の直径はおよそ10万光年ですから、いかに遠いかがわかります。大きさで言うと、アンドロメダ銀河は直径およそ26万光年あり、天の川の倍以上になっています。地球からの見かけの大きさも満月のおよそ2・3倍ほどで、肉眼でもはっきり見ることができる天体です。

なんだあの戦術は？

「おっと天の川軍の戦術形態が変化していますよ」

「おぉー!!」という大合唱の中、天の川の兵が一斉に、中心に対して大回転を始めました。もちろん中心には大将軍である巨大ブラックホールがいて、それを囲むように「バルジ」と呼ばれる星の精鋭部隊がいます。

銀河は横から見ると、ＵＦＯのように薄い形状をとっており中心に大きく膨らんだ円形の部分があります。これがバルジと呼ばれる部分で、中身は数多くの星団がひしめき合っている星の密集地帯です。上から見ると洗濯機の水の渦のように、時計回りに渦を巻いて回っています。ただし、宇宙に絶対的な上下はありません。どちらから見るかによって回る向きが変わるため、時計回りか反時計回りかにはあまり意味はありません。ここで「上」といっている方向は、地球の北側に近い方向にあわせています。

実は、天の川銀河は誰も真上から正確に観測できていません。わたしたちの太陽の位

ワォォォ
館

置は、ちょうど銀河半径の半分くらいに位置しています。そこからいくら詳細に観測しても銀河全体の正確な形を地図にすることは困難ということです。町にいる人が、上空写真の地図をすぐに想像できないことと似ています。

銀河は回転によって、大きな「腕」という構造をもっています。なぜ腕が形成されるのかは天文学でもまだ完全に解明されていないテーマなのですが、ざっくりと説明したいと思います。多くの星が集団で一方向に回転するとどうなるでしょうか。行楽地の流れるプールを想像してみるとわかると思いますが、大きな渦の流れができます。すると個々人の細かい動きよりも全体の流れに勝手に体が従って、回り続けてしまいます。星の集団も基本的には似ており、中心の巨大質量だけでなく、数千億個というほかの星の重力的影響が積算されて、集団での大回転を強いられます。天の川銀河の場合、半径5万光年を1周約2・5億年かけて回る銀河公転になっています。太陽も生まれて46億年が経っているので、絶えず銀河内を回転し、すでに18周回っていることになります。太陽に限らず、ほかの星も同様です。

その際、集団で移動すると、道路の渋滞のように混んでいる部分と空いている部分ができます。この渋滞部分が、銀河の腕と呼ばれる星が多く集まった局所的な構造です。天文学の用語でいうと、腕の形成は、「密度波」とも呼ばれる理論で解釈されており、腕に属する星も単に動かないまま固まっているわけではなく、低速度で移動しているというまさに渋滞中の車のような状況です。

数万年という時間スケールでみると、腕の中にいた星が外に出たり、別の場所からこの腕の一員に加わったり、その構成要員の星は絶えず変化しています。それでもより長時間、大スケールで見ると同じような腕構造が保たれているのは、じつに不思議です。

天の川銀河は、このように腕をもった「渦巻銀河」です。さらに上から見ると、中心付近に棒状の塊があり、正確には「棒渦巻銀河」と呼ばれています。天の川銀河には大きく4つの腕があるといわれ、私たち太陽系はそれらの大きな腕から派生した小ぶりの腕に属しています。オリオン座の方角からつながっているので、「オリオン腕」と呼ばれています。ただ、これらもどこまでを腕とするかなど、まだまだわかっていないことが多くあります。そもそも誰も天の川銀河を真上方向から観測した人はいません。それだけ不確かさが残されているといえます。

　実況席に戻りましょう。

「この渦を巻いたような戦術は何なんでしょうか？　ヘンローズさん」

「これはですね。流動力術と呼ばれるもので、古くから用いられた戦術の一つですよ」

『キングダム』でも「流動」という、この渦巻運動のような集団戦術が披露されていました。魏の将軍呉鳳明が秦の将軍 麃公 相手に取った戦術で、流れを作り、中心にいる武将までたどり着かせず、罠を仕掛けたり挟み撃ちにしたりするというものです。

　もちろんここでの銀河同士の衝突では、合戦のように一対一の剣の勝負のようなものはありません。星同士は前にも書いたように平和的で、近づいてもお互いのまわりをダンスしあってしまいます。ただし、密集した状況では三体効果（48ページ）などが効いて弾き飛ばされ、別の星に衝突するかもしれません。

宇宙で銀河はよく衝突する

ここで、銀河同士の衝突のしやすさを星と比べてみましょう。星の場合、お互いは平均的には数光年離れています。もし星団なら0・1〜1光年とその距離はより縮まります。これに対して、星自身の大きさは、10^{-7}光年です。空間における星のぶつかる確率をざっくり求めると、最大でも10^{-6}乗（0・000001％）になります。

一方、銀河の大きさは直径にして約10万光年で、銀河同士の距離はおおよそ1000万光年程度と推定することができます。この場合、銀河同士の衝突確率は、10^{-2}で、1％程度になります。

これは仮に1キロメートル離れた位置にお互いがいるとき、星なら1ミリメートルのゴマ粒同士を当てることに相当し、銀河なら長さ10メートルのバス同士を当てることに縮尺的には等しいのです。ゴマ粒同士ではまず不可能でしょうが、バス同士なら方向が揃えば起きても不思議ではありません。

それゆえ、銀河同士の衝突は比較的に起きやすいと言えます。天の川もアンドロメダとの衝突はもはや避けようがなく、現在も徐々に距離を縮めており、まさに合戦の最中なのです。

「徐々に両軍が距離を縮めてきました」

「アンドロメダ軍はいかがでしょうか、ヘンローズさん？」

「軍勢は、およそ1兆人という規模で2000億人の天の川軍を圧倒していますね。戦術タイプでいうとこちらも……どうやら渦巻の流動作戦を展開しているもようです」

銀河のタイプと分布

ここで銀河の形状タイプについて少しご紹介します。銀河のタイプは大きく分けて、3種類と言われています。「楕円」「渦巻」「レンズ状」です。

「ハッブルの音叉図」という有名な銀河形態の分類図があります。当初は、楕円銀河から派生して、途中の分岐点でレンズ状、さらに渦巻と棒状渦巻へ分岐すると考えられていました。しかし現在では、これは銀河の進化においては間違った順番であることがわかっています。むしろ渦巻銀河のほうが若い活動期の銀河であり、年老いた銀河が楕円銀河やレンズ状になっています。アンドロメダ銀河は、棒状構造が確認されないただの渦巻銀河に分類されています。

銀河の活動とは、主にどれだけ星を活発に生み出しているかが一つのカギになります。楕円銀河に属する星はどれも年老いたものが多く、星の形成活動期を過ぎた晩年の銀河であると考えられています。しかし大きさでいうと、渦巻銀河の典型的な大きさよりもはるかにでかいものが多いのが特徴です。楕円銀河は直径およそ数百万光年と言われており、渦巻銀河が直径数十万光年なので、ひと桁違います。

楕円型と渦巻型は宇宙空間上にどのように分布しているのでしょうか。観測によると、主に重力的に銀河が密集している空間に多いのが楕円型です。そしてこれらの銀河は総じて年齢が古いものです。銀河の年齢とは、主にその中に含まれている星の年齢の平均で決まります。一方、構造がまばらにしかない場所には、比較的新しい銀河である渦巻型が多く分布しています。

銀河という巨大な星の集合体をマンションで例えるならば、楕円型は古いアパートであり、渦巻型は新築マンションといったところです。宇宙全体で見ると、人口の多い密集地には老人たちの住む古いアパートが多く、人口のまばらな町には若者たちの住む新しいマンションが多いということになります。いわば「都会に住む老人と、田舎を好む若者」といったところでしょうか。現実の住宅事情とは異なったイメージですね。それが銀河世界の住宅事情のようです。

実は銀河のタイプでいちばん数が多いのは、この3つのどれにもあてはまらない「不規則型」という銀河になります。これは大きな銀河のそばに付随している場合が多いようです。サイズも渦巻銀河よりさらに一回り小さく、近くの巨大な銀河と合体していく傾向にあります。大企業に吸収合併される小会社といった感じです。

宇宙の歴史をもっとさかのぼっていくと、最も活動的な銀河が存在します。ビカビカと銀河のあちこちで星を大量に生み出している、まさにザ・働き者の銀河です。こうした銀河の核の部分を天文学ではAGN（Active Galactic Nucleus）と呼びます。およそ100億年以上前に宇宙に存在していた活動銀河である「セイファート銀河」や「クェーサー」といった銀河の中心です。この中心からも銀河スケールの巨大なジェットが宇宙空間に放出されています。

『キングダム』的に言えば、ジェットは大量に放たれる弓兵部隊といったところでしょうか。このジェットは光速度の実に99％にも達しており、その加速機構も実は深いテーマです。この謎の戦闘集団を指揮しているのがAGNと呼ばれる大将軍で、「巨大」にさらに「超」がつく「超巨大ブラックホール」その人です。『キングダム』において中華を股にかけて大活躍した王騎将軍のような偉人を指していそうです。

天の川軍の四天王

「天の川軍の全体の布陣はいかがでしょう、ヘンローズさん？」

「これは局所銀河群という形態をとっていますね。天の川を中心に、四天王が各所に配置された陣形をとっています」

『キングダム』にも秦という国に六大将軍というい わば四天王のような存在が登場します。彼ら大将軍クラスはときに絶対的な存在であるはずの王の意思にすら背いて、独断で行動したり、昔の日本でいう豪族のような、ある種の独立集団になっていきます。

天の川銀河も、「局所銀河群」という大集団を形成しており、四天王のような小さくても強力な集団が銀河円盤に付随して存在しています。「大小マゼラン星雲」や「矮小銀河」と呼ばれる天体たちです。

ではここで、天の川軍の四天王を紹介しましょう。ここでは太陽系から距離的に近い順にこれらの小集団を紹介していきます。ちなみに『キングダム』では、小隊がそれぞれ隊の名前がかかれた旗を掲げて戦っていますが、そうした旗をそれぞれの四天王にも掲げてもらいます。

まず四天王最初のひとりは、旗に「Ω」（オメガ）の文字があります。これはΩ星団将軍でしょう。ケンタウルス座の方角にある星団です。配置はおよそ1・8万光年先です。

四天王の2番手は、旗に「犬」の文字がある、おおいぬ座の矮小銀河将軍でしょう。3番手は「射」の文字が刻まれた射手座の矮小銀河将軍です。それぞれ、およそ2万光年先と8万光年先に配置されています。

「そして四天王最後は、旗に「魔」の文字がありましたが、これは……」

ヘンローズ博士が、すかさず「魔王？」と間違える始末。ピッコロ大魔王が出てきては大変です。スタッフが慌てて、カンペを出して訂正します。

「マゼラン星雲の「魔」ですね」

そう最後の四天王は、マゼラン星雲将軍。これはどうやら大小の名がついた兄弟のようです。「魔世乱（マゼラン）、参上」、そんな暴走族のようなシンボルが浮かびます。大マゼラン将軍は約16万光年先に、小マゼラン将軍は約20万光年先に軍を敷いているようです。ただしマゼラン星雲は、実は重力的に天の川に束縛されていないという観測結果もあります。

現在、単に天の川付近を通過中の天体ということです。これだと、この四天王はいずれ天の川軍を離反し、裏切るかもしれませんね。

天の川銀河には「ストリーム構造」という、まるで神様が宇宙空間を指でなぞったように細く長い形状をしたものが銀河円盤から伸びています。マゼラン星雲付近にもマゼランストリームがあります。さしずめ、マゼラン将軍が裏切った時に確保している、山中の逃げ道といったところでしょうか。ほかにも太陽系から近いものだと、約3万光年先に乙女座ストリームというものが布陣しています。

「いよいよ銀河対決も終盤戦です。初日から数日は一進一退の攻防を繰り広げていました。それ以降、両軍、大量の負傷者と、将軍クラスの将が討ち取られるなど、厳しく長い持久戦が続いております。ヘンローズさん、この戦いはいったいどれくらい続くと予想されますか」

そこでヘンローズがゆっくりと答えます。

「およそ30から40億年続くでしょう……」

観客はあきれて帰宅してしまうでしょうね。実際、アンドロメダ銀河と局所銀河群の合体は、そのくらいの時間をかけてようやく接触し、およそ60億から70億年後には1つの巨大銀河として完成すると考えられています。その頃には「天の川」「アンドロメダ」といった区別はなくなり、1つの巨大楕円銀河に落ち着くだろうとみられています。現実の結末はどちらかが勝利する合戦とは少し趣が違いますが、ある意味『キングダム』のような中華統一的な結末とみることもできるかもしれません。統一された銀河の名称を今から検討しておきたいですね。アンドロメダ優勢とみれば、「アンドロメダ天」などいかがでしょうか（天丼屋のメニューみたい）。

宇宙の大規模構造と超銀河団

次がいよいよ宇宙全土の戦いに突入です。銀河がひとつの軍隊だとすると、その銀河の集まりである銀河団は、さしずめ国のような単位といえます。国同士をかけた群雄割拠の戦国を想像しながらコマをすすめてください。

宇宙全体から見ると、銀河とは、宇宙という広大なキャンパスに描いたシミのようなもので、それらが密集して集まっている場所が「超銀河団」と呼ばれる場所です。銀河団が国だとすれば、超銀河団は大国と捉えることができるでしょう。さらによく見ると、構造がある場所とない場所があり、まるで全体が蜘蛛の巣のような形状をとっていることも見てとれます。これを「宇宙の大規模構造」と呼びます。

ここではこの大規模構造における対決をご紹介します。これがバリオン世界の最終決戦といってもいいものです。

大国同士の争いというと、ふたたび『キングダム』の出番です。紀元前３世紀の中国を舞台に、およそ５００年に渡る戦乱の中、「戦国七雄」と呼ばれる７つの国が覇権を争っています。最終的には「秦」が、紀元前２２１年にこれら７つの国を統一します。中華は秦の次に、漢と時代が流れ、有名な『三国志』の時代はずっと後で、およそ５００年も離れています。

さて、主人公の秦国と隣接する国はというと、小競り合いが続いてきた「魏」、毒兵器を得意とする「韓」、さらに秦の最大のライバル国「趙」です。さらに秦の南には、超大国である「楚」が構え、中国大陸の東端、日本に近い側に「燕」と「斉」という国が位置しています。アニメシーズン3では、秦が中華の陣地争いにおいて、もっとも重要な「山陽」という軍事重要拠点をとったことにより、7国の均衡が崩れます。秦以外の6つの国が合従軍となって手を組み、秦に襲い掛かります。その中心人物が「趙」の三大天、李牧です。『キングダム』ではこの合従軍が、総出で秦の都を落としにかかっています。

　宇宙大規模構造においても、そんなキングダムのような7つの超銀河団があるのです。司会がそれぞれの銀河団を紹介していきます。

「まずご紹介する列国は、くじゃく座・インディアン座超銀河団です。ここまで大きな構造だと、銀河がまるで点のようにみえますね」

　おびただしい群衆のうちのひとりひとりがひとつひとつの銀河に対応しています。これは地球の南の星座に対応する方角に位置する国です。

「ヘンローズさんは、ご出身の銀河団はどちらでしたか？」

「おとめ座超銀河団です」

「ではこちらですね。これが2国目、おとめ座超銀河団です」

私たちが属する天の川銀河は、おとめ座銀河団に属しているので、必然的におとめ座超銀河団に属することになります。国旗の文字には、当然「乙女」の文字があるはず。ちょっとおしとやかそうですね。先ほどのくじゃく・インディアン国と隣接しています。こちらの国旗は、さしずめ「孔印」となるのでしょうか。

「そして第3国、こちらもおとめ座超銀河団の隣国となるペルセウス座・うお座超銀河団です」

これは宇宙大規模構造における最大の国で、古代中国の「楚」のようなイメージでしょうか。我々のいる銀河からは約2・5億光年先にあります。国旗の文字を作るなら、さしずめ「兵魚」などどうでしょうか。兵の文字は、勇者の神話として有名なペルセウスの戦う姿を連想できるように選びました。

乙女
乙女
VIRGO

「隣国最後は、こちらがおとめ座超銀河団と最も近い国ですね。第4国、うみへび座・ケンタウルス座超銀河団です」

カメラがズームで寄ると、国軍の旗には、「剣蛇」の文字がみえます。漢字だとかっこいい。われわれ第2国と、第3国、そしてこの第4国を合わせて、「ラニアケア超銀河団」という一塊で呼ぶ場合もあります。

「第5国が、かみの毛座超銀河団です。ここには、グレートウォールと呼ばれる細長い形状の銀河集団がカメラにもはっきりと映っております」

「グレートウォール」は長さ14億光年にも及ぶ構造で、高さが約3億光年ですが、壁の厚さはわずか1500万光年ほどと薄いものです。まるで宇宙における、万里の長城のようです。まさに宇宙の城壁です。かみの毛座国を攻めるには、まずこの城壁を攻略する必要がありそうです。壁には、国の文字「髪毛」が彫られているでしょう。散髪屋さんみたいですが。

「第6国は、しし座超銀河団です。のぼりの旗には、かっこいいライオンと獅子(しし)の文字、いかにも強そうな国ですね」

しし座は、銀河座標においてもっとも北側に位置する、銀河最北星座です。天空に獅子とは実に絵になりますね。

「最後、第7国はシャプレー超銀河団です。旗には、「謝不」の文字がみえます。これはどういう意味なんでしょうか、ヘンローズさん？」

「うーん……絶対に謝らないということでしょう」

意思の強さを一言で表現できたヘンローズは、またしてもドヤ顔です。

いずれ全ての銀河がひとつに飲み込まれる

超銀河団の大きさ勝負をしてみましょう。しかし、実はすべての超銀河団の大きさがわかっているわけではないので、全部を比べることはできません。

わかっている限りでは、近場にあるくじゃく国はおよそ全長7億光年の大国。それに対してわれわれおとめ国は全長およそ2億光年といわれています。そのため大きさ勝負をしても勝ち目はありません。一方、兵魚国は全長10億光年以上におよぶ大国です。おそらくこの宇宙で最大と考えられています。上には上がいるということですね。

うみへび座・ケンタウルス座超銀河団には「グレートアトラクター」と呼ばれる、重力の異常点が存在します。これは、近隣にある全ての銀河がいずれここに向かって引力で引き寄せられることを意味しています。会社でいう大規模吸収合併です。全てを飲み込む世界的巨大企業、地球ならさしずめGAFA（Google, Amazon, Facebook, Apple）でしょうか。それがグレートアトラクターなのです。

その意味で、この大国の覇権争いは、まるで『キングダム』という物語の結末が「史実」としてすでに決まっているように、重力的に最終覇者がすでに決定していると言えるでしょう。

しかし、最近の研究では、本当のバリオン界最大のボスキャラは、このグレートアトラクターを有するうみへび座・ケンタウルス座超銀河団ではないようです。その背後にある第7国、シャプレー超銀河団に真のアトラクターがあるといわれています。これも方角的にはケンタウルス座の方角で、真相はまだ定かではありませんが、宇宙でケンタウルス座を敵に回すと、飲み込まれる可能性が大ということです。

いずれにしても、7国の覇権争いは長い時間の戦いとなりそうです。

宇宙はスカスカ

バリオン世界に関してあと一つ付け加えておきたいのが、宇宙の「超空洞」です。これは文字通り、宇宙における「構造がない隙間」を意味する領域です。

実は、宇宙は全体で見ると、何も構造がない場所が圧倒的に多いのです。もし神様が目の前にある宇宙全体を眺めて銀河などの構造体を探しても、そもそもそんなものがあるかどうかさえも確認できないかもしれないということです。「なんだ宇宙って退屈で何もない空間だわ」とぼやいているかもしれません。このような空洞の中で、1億光年以上の圧倒的なスケールに渡るものを超空洞と呼びます。

超空洞は立方センチあたりに原子が0・0000002個という、ほぼほぼ何もない真空空間です。これを「ボイド」と呼びます。宇宙の全体積の90％あまりはこのボイドが占めています。これまで合戦だ、戦国だと言って展開してきた世界は、体積的にはわずか1割にも満たない場所でのお話ともいえます。同様に、宇宙の大規模構造の蜘蛛の巣のような細いひも状の構造を「フィラメント」と呼んだりもします。

他にも「バブル」という泡のような構造も確認できます。泡の中にはまたしても空洞が広がっており、まるでシャボン玉のようですね。全宇宙を手のひらにのせて、眺めている神様が、ちょっと遊び半分で落としたシャボン玉、それがバリオン世界の俯瞰した姿なのかもしれません。

幕間

速度対決部門

星は絶えず高速移動している

ここで少し横道にそれますが、序章でも挙げた「速度」という一風変わった指標でのランキングをご紹介しておきましょう。超高速度で移動している天体も、さらにサイズが一気に小さい、ミクロの原子や素粒子といったものもランキングに登場します。

速さと聞いて、皆さんは何を想像しますか。速い乗り物、新幹線、ジェット機といったところでしょうか。そこでは音速を超えたか超えないかの基準として、マッハ数という単位が出てきます。マッハ数1である音速が一秒間に約340メートル、時速約1200キロメートルにもなります。マッハ数が1を超えていると、超音速と呼ばれます。超音速旅客機として有名だったのがコンコルドで、マッハ数2でした。ただしこれは1970年代のことで、それ以降、旅客機はスピードよりも質を重視するようになったため、現在の旅客機はどれもマッハ数が1未満です。

天体の運動としてまずは、地球の公転があげられます。これは秒速約30キロメートルで、マッハ数に換算するとおよそ88にもなります。毎日をのんびり過ごしていると、地面がまさかそんな猛烈な速度で移動しているなんて気が付きませんよね。

一方、中心で不動というイメージがある太陽も、実は宇宙空間では移動しつづけています。その速度は、毎秒約220キロメートル。時速にするとなんと約80万キロメートルになります。地球の重力を脱出するための速度としては時速約4万キロメートルが必要なので、これは宇宙へと飛び立つロケットの約20倍に相当します。ちなみに、人工物の歴史上最速の物体は「核実験で吹き飛ばされたマンホール」だと言われています（脱出速度のおよそ6倍）。

太陽に限らず、星は絶えず高速で移動しています。恒星の速度は、毎秒約200―1000キロメートル程度と考えられています。決して、太陽だけが特別速いというわけではないのです。これらは全て天の川銀河の中を公転しています。

それでは、速度対決の選手を紹介しましょう。まずは天体代表のスピードスター、その名もRX J0822-4300といいます。自己紹介されても全く覚えられる気がしません。なんと星の平均速度を圧倒的に凌駕した、毎秒約１５００キロメートルにもなります。
その正体は、弾き飛ばされた天体――正確には中性子星です。天体同士の衝突などによって、宇宙空間に弾き飛ばされたものです。中性子は地球上では放射線の一種で、鉛も貫通するほどの威力があるほど、非常に危険なものです。それが超高速で飛んでくるとは、まるで弾丸のようです。擬人化するならさしずめ、ピストルを持った奴が想像できます。

そんな天体界のスピードスターを尻目に颯爽と登場するのが、自然界最速野郎、「光子」です。「みつこ」ではありません。「こうし」です。その速さは秒速にして約30万キロメートルにも及びます。

アインシュタインは、光が大好きでした。光の立場になったら物事はどのように見えるのか、光の速度の電車から伸びるライトの速度は光速度の2倍になるのかといった空想をいつも巡らせていました。そして、「光速度こそこの世の最高速度」である世界というものを考え抜き、最高速度粒子「光子」が誕生したわけです。「みつこＬｏｖｅ」

なのです（ここはみつこがピッタリきます）。

アインシュタインは１９０５年に「光速度が最高速度である」という原理をもとに構築した新世界「特殊相対性理論」を発表します。俗にいう「相対論」の始まりです。ここでいう原理とは、物理でいえば理論の出発点を意味します。つまり光の速度を単に説明する理論という立場から、光を「法」とする新理論へとまったく別次元への進化を遂げたということです。詳しい説明はここでは割愛しますが、この相対論によって、時間が遅れたり、物の長さが縮むといった不思議な現象の世界が現実のものとなったのです。光はまさにアインシュタインに選ばれた特別な存在と言えるでしょう。

相対論の枠組みでは「これ以上速い速度は存在しない」とされているので、これがトップであることは間違いありません。たまに「加速器実験などで光速を超えたニュートリノを発見」といったニュースが出ることがありますが、物理学者的にはまず「観測のミス」を疑ってしまいます。それは相対論という揺るがない理論が光速度は最高速度であると規定してしまっているからです。

「毎秒１５００キロメートル、それは俺のスピードのわずか０・５％だな。はっはっは、わが光速度の前にひれ伏すがいい！」と光子も自信満々です。そんな自信も、自分が法となっているがためです。

光速度を止めようとするもの

しかし、そんな我が物顔の光に宿敵がいないかというと、実は対極の存在がいます。「ヒッグス粒子」と呼ばれるもので、通称「神の粒子」なんて呼ばれ方もします。

これは性質でいえば、「速さを止める」能力をもっています。いかにも少年漫画に出てきそうな設定です。手をかざすだけで相手の動きを止めてしまうとか、バトルものには花を添えてくれるキャラになりそうですね。しかし現実には、「ヒッグス粒子全員でスクラムを組んで止める」といった泥臭い止め方をします。

ビッグバン直後の宇宙ではまさに、このヒッグス粒子が集団で宇宙の全ての粒子の速度を止めにかかります。全ての粒子とは、物質を構成している、陽子や中性子、さらにそれらを形作っている「クォーク」と呼ばれる素粒子のほか、電子、力を媒介しているゲージ粒子が含まれます。自然界にはヒッグスを除くと16種類の素粒子が存在しており、ヒッグスの攻撃前は、みな光速度を有していたのです。

つまりもともとは、みんなスピードキングだったわけです。しかしヒッグスたちのスクラムのような集団攻撃によってほぼ全ての粒子は速度を落とされます。これを物理学では「質量を得た」といいます。質量ゼロは光速度と同義なので、光速度未満のものは全て質量をもっています。

ただし例外があって、グルーオンと光子だけは、このアタックを逃れることに成功します。新米ヒッグス君がミスって取り逃がしたのでしょうか。

「グルーオン」とは、クォーク同士を結び付けている粒子で、物理学では強い力の担い手になっているものです。糊（のり）（グルー）のように、クォークを3つ結び付けて、陽子や中性子を形成するのに役立っています。つまり、光がさっき宣言した「俺だけが最高速度」は、正確には正しくありません。グルーオンも質量をもっていないので、その資格があります。

しかし、グルーオンの場合、常に陽子の中に束縛されているので、速く動く機会がそもそもありません。「俺、光速度で走れるけど、今はまだ走らないだけ……」みたいな状況です。言うなれば、眠れる獅子のように原子の中心で静かにその高速能力を温存しています。

そんなねちっこく不気味なグルーオンは、実は8種類も存在していることが知られています。物理では「量子色力学」とよばれる分野で、まさに8色のカラフルきざ野郎といったところでしょうか。

なお、ヒッグス粒子の通称名「神の粒子」はすっかり一般に定着してしまっていますが、物理学者のなかでは評判はよくありません。発案者であるヒッグス博士が命名したわけではなく、レオン・レーダーマンという物理学者の著書『The God Particle』(邦訳『神がつくった究極の素粒子』)に由来しています。しかし、素粒子物理学においてヒッグス粒子は最後の究極粒子というわけではなく、単にミッシングピースであったに過ぎません。「超対称性粒子」といったものが見つかれば、圧倒的にこちらが究極粒子であると言えます。そのとき、これ以上の敬称でどうお呼びすればよいか見当がつきません。「超神の粒子」になるんでしょうか。

速度ランキング

さて速度対決の選手を順番に紹介すると、第1コース、天体を代表して高速中性子星選手、第2コース、自信たっぷり光子選手、第3コース、ニュートリノ選手、そして最終第4コースは謎の覆面選手と並んでおります。走るコースはこの惑星、地球100周となります。光は地球を1秒間で7周半もしてしまうので、これくらいしないと差がつかないかもしれませんね。

「ニュートリノ」は、光とよく似た高速粒子です。これまで、光と同様にニュートリノも質量がないと考えられてきましたが、東京大学の梶田隆章(かじたたかあき)先生らが2015年のノーベル物理学賞に輝いた「ニュートリノ振動」の発見により、わずかながら質量があることが観測で確認されます。非常に小さいので、言い換えると、宇宙初期にヒッグスのタックルにかすった程度という感じでしょうか。

「位置について、よーいドン！」

号令とともに四者が一斉にスタートします。下馬評の通り、光子がぶっちぎりの先頭に踊り出ますが、実は後ろから覆面選手が追い上げてきています。予想外の大混戦、3位はニュートリノ、ビリは中性子星でほぼ決まりのようです。ニュートリノは光速度の99・9999%と小数点のあと9が4つ続きます。これでもほぼ光速度といってもいいレベル。ビリとの力の差は歴然です。問題は、1位争い。優勝テープのフィニッシュを切ったのは、2人ともほぼ同時。ついにビデオ判定にもつれ込みます。

「わずかの差ではありますが、ビデオ判定により協議を重ねた結果、光子選手のリードが確認されました。優勝は光子選手です！」

司会者が結果を発表すると、おーと会場から賞賛の声が響きます。

しかし大健闘の覆面選手のインタビューは、むしろ1位よりも大盛り上がりでした。

速度ランキング		
1位	**光子**	光速度＝秒速約 30 万キロメートル
2位	**オー・マイ・ゴッド粒子**	光速度の 99.999999999999999999999％
3位	**ニュートリノ**	光速度の 99.9999％

「俺の名前はオー・マイ・ゴッド粒子っていいます。１９９１年にユタ州で観測されたっす。超高エネルギーの宇宙線です。俺のスピードは、光速度の99・９９……％で、小数点以下、９が21個も続くっす！」

観客からも「オー・マイ・ゴッド！」という声が聞こえてくるようです。これは実際に観測された、光に次いで史上最速の粒子です。ちなみにオー・マイ・ゴッド粒子は、現在地上にある加速器の最高エネルギーの約４０００万倍にも相当するエネルギーを有しています。宇宙はまさに底が知れませんね。

第3章

「ダーク」な存在たちと宇宙の未来

これまでの章を通して、私たちの想像を超えたスケールで展開される宇宙の物質たちの戦いが繰り広げられてきました。

しかし序章でも触れたとおり、それらはあくまで「バリオン」と呼ばれる、私たち人間や身の回りに存在するあらゆるものと同じように通常の物質と同じ土俵においてのお話にすぎません。

いよいよこの章では宇宙の頂上とも言うべき、「ダーク」な存在たちについて迫っていきたいと思います。

実は宇宙にある物質・エネルギーの9割以上は「ダークエネルギー」や「ダークマター」と呼ばれるもので占められていることが明らかになっています。

しかし、その実体は現時点においてはほとんどわかっていません。

それにもかかわらず、そうした「ダーク」な存在があるということについてはなぜわかっているのかというと、まずは「宇宙が膨張し続けている」というところからお話をする必要があります。

宇宙はゴム製のマグカップ

ここで解説者、ペンローズ先生にアインシュタインの数式をもう一度、解説いただきたいと思います。よろしくお願いします。

「はい、わかりました。まずこちらがその数式になります」

と言うと、大画面のスクリーンいっぱいに例の数式が投影されました。

$$H^2 = \frac{8\pi G}{3}\rho$$

「左辺は宇宙の膨張率、右辺は宇宙の全物質のエネルギー密度に対応しています。宇宙に存在している物質の総量が、宇宙がどれくらい膨張しているかを決めているということです」

うまく納得できない様子の司会者は質問を投げかけます。

「素人質問で恐縮ですが、なぜ宇宙の物質が宇宙の膨張率を決めるのでしょうか?」

そこで、ヘンローズはこんなたとえ話を始めました。

「宇宙は、器のようなものです。ちょうどここにあるマグカップのようなものとして考えてみてください。ただし、普通のマグカップと違うのは、中に注ぐものによってぐにょぐにょと形が変化するゴム製のマグカップだということです。

この中にコーヒーやらミルクやらお砂糖なんかを入れますよね。これらが宇宙に存在している物質です。中身の物質が多いと、重力によってお互いに引っ張り合い、それにつられて器自体も内側へと引き寄せられます。逆にダークエネルギーのような特殊な液体を注げば、この液体に押されて器が徐々に外へと膨張したりします。そんなイメージでしょうか」

だいぶイメージがつかめたようで、司会者もそれならすこしは納得。

「マグに入れた物質のそれぞれは、数式ではどれに対応しているんですか?」

「このρは、すべての合計です。つまりコーヒーのρに、ミルクのρ、さらに砂糖のρ

というぐあいにどんどん足していくイメージです」

「なるほど！　ではその入れたものが、バリオンやダークマターということですね」

「そうなります」

自分の説明がうまく決まり、すこし嬉しそうな笑みを浮かべるヘンローズ。

宇宙に占める4つの物質のエネルギー密度の割合

数式では、あくまでこれら4つが宇宙全体を支配する物質として登場するだけで、それぞれのエネルギー密度の多寡は教えてくれません。ここで「光」という存在が重要になってきます。

エネルギー密度の多寡を正確に知るために、宇宙の最古から我々へと届く光が重要となります。この光は「宇宙マイクロ波背景放射（ＣＭＢ）」と呼ばれています。宇宙が誕生してから約40万年後、宇宙空間に一斉に放たれた最古の光で、１３８億年という宇宙のほぼ全史を記録している光です。

これが宇宙を伝播していく中で、アインシュタインの数式の左辺にあるHという量を刻一刻と感じながら進んでいきます。どういうことかというと、超高温の火の玉状態であった初期宇宙からの光子が、宇宙の膨張とともに温度を下げながら広がっていき、現在の宇宙を満たしていきました。だから、この最古の光の情報を解析すると宇宙に占める4つの物質のエネルギー密度の割合がわかるという仕組みになっています。

しかし、この解析から導かれる仮定と実際に観測した値にはズレがありました。つまり、その差にあたる分だけ、宇宙には質量を持った目に見えない物体が満たされていると考えられます。この物体こそがダークエネルギーとダークマターです。

ダークマターは、宇宙の大規模構造を作るために必要不可欠な物質でもあります。前章で登場した超銀河団などの構造も、もとはこのダークマターが宇宙に存在しないとできません。バリオンだけでは集まって固まり、構造を形成することができないのです。つまり星や惑星などを宇宙に生み出すために必要な根本的存在、それがダークマターであると言えます。この正体は、周期表に載っている通常の物質でないことは確かです。

何か未知の素粒子であろうというのが大方の見方です。

一方、ダークエネルギーは、宇宙を加速的に膨張させているという点以外は、ほとんど何もわかっていません。物質というくくりでいいのかさえ不明なので、不明なエネルギー体ということでこの名が付いています。このダークエネルギーのミステリアスな性質については、またのちほど。

計算によると、現在この宇宙においていちばん多くを占めている物質がダークエネルギーで、割合としては約69％。次いでダークマターが約26％。第3位はバリオンで約4・8％。第4位が光で約0・0055％となっています。そして第5位にはニュートリノが続きます。つまり、この順番で宇宙の覇権を握っていると言い換えることもできるでしょう。

「ただし……これは今現在の宇宙のエネルギー密度の内訳だということに注意してください」

ヘンローズが指を立てて、視聴者に注意を促します。

「エネルギー密度というのは、宇宙が膨張していくたびにどんどんと小さくなります。密度は体積に反比例するからです。つ・ま・り、過去において、この順位は当然、違っていたわけです！」

ここでドヤ顔を決めます。

「なるほど！　では、宇宙の覇権は歴史的にどのように移りかわってきたんですか？」

「お答えしましょう」

そう言って、机の下からスタッフが制作したフリップが登場。

おごれる者も久しからず

「まず、宇宙がビッグバンによって急速に膨張し始めると、およそ5万年間は光種族が天下を取りました。光の黄金時代です」

光子さんがまんざらでもなさそうな顔をしています。

「続いて、バリオンの時代と言いたいところですが、実はこの時代の覇者はダークマターです。バリオンはこの時代の2番手でした。この時代が宇宙の現在までの歴史の大半を占めており、この天下はおよそ100億年間も維持されました」

この時代がバリオンにとっての宇宙の歴史上の全盛期でした。序章で、宇宙におけるバリオンの主役は「星」であると言いました。つまりバリオンの歴史における絶頂期がいつになるかは、ざっくりと言えば「星をどれだけ生み出すことができたかどうか」と関わりがあります。これを「星形成率」といって、そのピークはおよそ今から100億年前、つまり宇宙が始まって40億年後くらいだと推定されています。現在の宇宙においてバリオン種族はこの時代からもだいぶ経(た)っており、すでに星を生み出す能力がかなり落ちた末路にあると言えます。

しかし、そんな最盛期であっても、当時のダークマターのエネルギー量の方が圧倒的に多く、その差はおよそ5倍以上の開きがあったのです。常に物質世界のエネルギーの支配者はバリオンではなく、ダークマターなのです。

ダークマターとバリオンは、膨張宇宙におけるエネルギー密度の減少率が同じです。

したがって、時間とともにどちらも同じ割合でエネルギー密度が減っていきます。時間とともに減っていく減り方がどちらも同じということは「ダークマター∨バリオン」の順番が逆転することはありえないということです。

フリップの下のほうにテープをはがす箇所があります。それをズバッとめくるヘンローズ。

「しかし、おごれる者も久しからずや！」

またカメラ目線でキメにかかります。

「常に宇宙の覇者は入れ替わります。今からおよそ40億年前に第3の時代に入りました。それが、ダークエネルギーという覇王の時代なのです」

宇宙の覇者が流転していくさまをご覧いただきました。宇宙には、大きく3つの時代があり、速度ランキング覇者の光子が第1の時代を、そして第2の時代はダークマターが支配しており、現在は第3の時代としてダークエネルギーが支配しています。

ヘンローズが解説を続けます。

「し・か・し〜、ダークエネルギー王のすごさはまさにここにあるのです。万物が流転し、宇宙の支配者が変わる中でも、この先二度と他の3つの種族は、首位を取ることはないでしょう。これが実に恐ろしいことで……」

放送的に、言ってはいけないタブーに触れたようで、スタッフからNGサインが出ます。すこし恐ろしい雰囲気の雲が全宇宙に立ち込めてきたようです。

「ま、この続きは、最終決戦の行方次第ということでしょうね……」

とまたもナイスフォロー。真空の宇宙でも、ちゃんと空気が読める男です。

膨張宇宙を最初に予言した人物は誰だ

話題は少し逸れますが、「宇宙が膨張している」ということを最初に予言した科学者が一体だれなのかというのは、科学史的に面白いテーマです。ある意味で、その栄誉をめぐって地球上の科学者たちもバトルを繰り広げていたと言えるでしょう。

まず、ロシアの物理学者アレクサンドル・フリードマンが1922年にアインシュタイン方程式から膨張する宇宙の解を初めて導きます。しかしこの時点では単に宇宙の姿を語る可能性の一つという程度の扱いでした。数学的に答えを導くことができるからといって、それが現実の宇宙に存在するかはまた別問題なのです。そのため、アインシュタイン方程式の発見者本人であるアインシュタインにとってもそのような解は受け入れがたいものでした。

もともとの方程式のままでは大きさが時間によって勝手に変化してしまう宇宙になってしまうので、アインシュタインはつじつまをあわせるために「宇宙定数」を導入しました。ですがその後、宇宙が膨張していることが観測的にも支持されたため、「宇宙定数の導入は、我が人生最大の後悔」と嘆きます。しかし、これがのちの現代科学では、現実の宇宙に存在する謎のエネルギーであるダークエネルギーとして再発見されることになります。アインシュタインが宇宙定数を提唱して自ら棄却してからおよそ70年後（死後からは40年後）に、アメリカの物理学者ソール・パールムッターらの観測によって、宇宙定数が再注目されたからです。

この宇宙定数は、現在の天文用語でいうダークエネルギーとほぼ同じと考えて問題ありません。より正確に言えば、ダークネルギーの候補の一つが宇宙定数という言い方になります。というのも、ダークエネルギーとなりうる他の理論的モデルももちろん考えられているからです。しかし、もっともシンプルに考えるならば、やはりこの宇宙定数が筆頭候補であるというのが、大方の宇宙物理学者が合意している今の考えです。

天才が抱いた最大の後悔も、実は科学史上最大の発見になったという、100年がかりの壮大な伏線回収といえますね。また、パールムッターは宇宙における加速膨張の発見という業績から2011年にノーベル賞に輝きました。

さて、当時の膨張宇宙論争に話を戻すと、数学的に膨張解を導いたフリードマンは発表の3年後の1925年、悲運にも37歳という若さでこの世を去ってしまいます。

一般的に、膨張宇宙を最初に科学的に予言したのはハッブル博士だと言われています。それは、「ハッブルの法則」と呼ばれる宇宙膨張の観測的事実を導いたからです。フリードマンが亡くなったあとの1929年のことでした。もしこの時点でもフリードマンが生きていたら、自身の理論的発見と結びつけて、最初の予言をした本人として名乗りをあげていたかもしれません。

さらにここで、ベルギーの天文学者ジョルジュ・ルメートルが乱入してきます。彼が主張するには、1927年にハッブルより先に宇宙の膨張率を表した、こんにち「ハッブル定数」と呼ばれるものをすでに発見していたといいます。

一体、膨張宇宙の最初の発見者は、ルメートルなのかハッブルなのか。ベルギー人のルメートルがフランス語で書いた論文は1931年に翻訳され、英国王立天文学会誌に掲載されます。しかし、このハッブル定数の部分だけなぜか翻訳論文からごっそりと削除されていたという事件があったようです。

ルメートル自身が自信のもてない結果だったと判断して削除したものか、それともハッブルの陰謀か……。これにはいくつかの議論が巻き起こりました。事の真相は今となってはっきりとはわかりませんが、現代ではいずれにしても膨張宇宙を最初に見つけた人物はルメートルであろうという見解が主流となっています。

バリオンvs.ダークマター

ここからはバリオンとダークマターの関係性をバトルの中で見ていきましょう。第1章で活躍していたシリウス選手に再登場してもらいます。バリオンを代表する星界のザ・スタンダード、A型星です。セコンドサイドにはパールムッター博士に立っていただきましょう。博士が飛び道具を彼に投げ入れます。

キャッチしたシリウス選手はその武器が何であるか一目で悟ります。映画で見たことのあるライトセーバーです。ギュイーンと閃光(せんこう)を放つ光の剣が、バリオン界の希望の光のように燦然(さんぜん)と輝いています。今、バリオン全世界の想いが、この若きシリウスの双肩に宿っています。きっとあのアインシュタイン老子も空の上からこの様子を温かく見守っていることでしょう。

「わが相対論を信じろ！　光はわしが認めた宇宙最強のものじゃ、絶対に負けはせね。勇気をもってこの剣を、あの暗黒野郎に振りかざすんじゃ！」

場内からは、「相対論、相対論！」とコールが起こっています。そばで見守っていた光子も必死に彼を応援しています。皆に勇気をもらい、背中を後押しされたように、シリウスが剣を振りかざすと、なんとまわりの動きがゆっくりと見えるではありませんか。

「これが相対論の力か。これならば勝てる！」

シリウスは勢いよく剣を振りぬくと、光の速さでダークマターのお腹に突き刺します。するとどうでしょう。ダークマターは避けることなく、1ミリたりとも動くことすらなく、剣が勝手に彼の身体をすり抜けてしまいました。

「光の剣？　そうか、そういうことか。これはまずい、ダークマターの特徴をレクチャーしておくべきだった……」と、ヘンローズは慌てて机の下からフリップを取り出します。そこには「ダークマターの七不思議」と書かれたタイトルと、その下に「ここがヘンだよダークマター」とサブタイトルがしっかり印刷されています。

ダークマターの七不思議

「どういうことですか。ヘンローズさん、解説をお願いできますか」

「はい。ここに挙げたのは、ダークマター選手のこれまでわかっている特徴から導かれる、いわゆる七不思議です。光の剣の攻撃は、ダークマターを知る上で非常に重要なヒントになります。まだその正体が完全に解明されたわけではないので、答えは誰も知りませんが、私の独断でその謎を7つ挙げてみました。本当はひとつの答えでいくつかの問いに答えられるかもしれません」

ひとつずつはがしのテープをめくり、紹介していきます。

ダークマターの七不思議～ここがヘンだよダークマター

① なぜ光と反応しないのか

② なぜお互いに反応しないのか

③ なぜ小さい構造を作らないのか

④ なぜバリオンより多いのか

⑤　光の代わりとなる媒介粒子はないのか
⑥　ヒッグス粒子との関係はあるのか
⑦　超対称性と関係はあるのか

「全部を詳しく説明している時間はありませんが、まず最大の特徴は、光と一切反応をしないということです。ライトセーバーが素通りしたことでもうおわかりだと思います。これは暗黒物質の「暗黒」の由来でもあります。光と全く反応しない。だから暗黒なのです。光との相性は、まさに油と水の関係、最悪なんです」

「では、ダークマター選手の体はどうやって見ることができるんでしょうか？」

「いい質問です。宇宙に存在するダークマターは天体のように光では直接見ることができません。代わりに、重力の効果を利用して観測しているんです。これを「重力レンズ現象」と呼びます。ダークマターも質量をもっているれっきとした物質であることには変わりありませんので、重力には反応します。光が飛んでくる経路の途中にダークマターの塊があると、そこでメガネのレンズのように光が大きく曲がって進路を変えて届きます。その効果を正確に測定することで、ダークマターを可視化することができるのです」

絶対に当たらない剣だと断定されてしまい、シリウスは冷や汗が止まりません。どう考えても、話の流れ的に、あの一撃でバリオン世界の反撃が決まり、正義が勝つ展開だったはず。現実は実に非情です。

そうこうしているうちに、ダークマターが高笑いを始めます。

「ハッハッハ……なんなんだ、その剣は。俺には何も見えないぞ！　何がライトセーバーだよ、ただの裸の王様じゃないか」

彼からしたら、全てが茶番劇のように見えていたことでしょう。

「俺はおまえなんか早く倒して、ダークエネルギーの野郎と闘（や）りたいんだ。邪魔だ、どけ！」

そう言うと、いきなり大口をあけて、ライトセーバーを丸呑（の）みしてしまいます。「やめておくれ〜」とパールムッター博士も必死の懇願をします。大蛇のごとくシリウスの腕まで呑み込み、ついには全身ごとすっかり体内に取り込んでしまいました。引き寄せる重力の強さは並大抵のものではありません。まさに真っ黒な重力の化け物です。戦いの様子を見守っていた、同じ黒い重力の怪物であるMr．ブラックもあまりの強さにたじろいでいます。

ダークマターの正体？

天の川銀河にもダークマターは存在しています。その質量は天の川銀河の総質量の9割以上にも相当し、銀河中心に存在する巨大ブラックホールの質量のおよそ20万倍以上と言われています。この圧倒的な量の前にはバリオンがいかなる進化をとげても勝てないのかもしれません。

ここで七不思議のいくつかをついでに簡単に解説しておきましょう。

エネルギー密度の比が5倍以上もあり、銀河においても圧倒的な大差で支配している

ダークマターの量は、疑問4「なぜバリオンより多いのか」に対応しています。理論的に残された可能性としては、ダークマターの正体はこれまでに知られている元素を網羅した周期表には一切載っていない物質であり、それが正しいかどうかは「超対称性」という物質の究極の対称性が自然界に存在するかにかかっています。

これは物質を構成する「フェルミオン」と、力を媒介する「ボゾン」とを統一的に扱う理論に対応していますが、そもそも宇宙初期の自然界にそんなものが本当に存在していたかもまだ何の確証も得られておらず、机上の空論かもしれません。これが疑問7です。

また、もしダークマターの起源を探るなら、宇宙ができた直後の初期宇宙にカギがあると考えられます。質量をもっていることから、あのタックルをしかけてきたヒッグス集団と関係があるのか（疑問6）も大きな謎です。もし両者が関係しているならば、ヒッグス粒子を介してバリオン側となんらかの相互作用が生じているということになります。しかし現状そういったものが見当たらないので、疑問は増すばかりです。

そもそもダークマターが何らかの未知の粒子であるとすると、その最大の特徴は、お互いの相互作用さえ非常に弱いということにあります（疑問2、3）。これは裏を返すと、星や惑星といった天体のような構造体を作ることができないことを意味しています。

あるいは、光と反応しないため、我々からは全く観測できないだけで、ダークマターの世界の側では、その世界における「光」のような媒介粒子が存在しているのかもしれません（疑問5）。つまりダークマターからすると、彼らの世界には光って見える「ダーク世界の光」が存在し、逆に私たちバリオン世界は彼らにとって見えない暗黒物質になっているのかもしれません。まさにお互いが相対的な関係のようになっている可能性もあります。とにかくこの未知の粒子に働く力が本当に重力しかないのかは、今の時点では完全には見極められない状況です。

さらに圧倒的な力を示すダークエネルギー

これまで数多くの戦いを見届けてきました。いよいよ最後の謎の存在、ダークエネルギーとの頂上決戦に臨みましょう。ダークマター vs. ダークエネルギーの幕明けです。

しばらく対峙していた両者ですが、戦いが開始すると、ダークエネルギーは段違いの能力を示します。

ダークエネルギー選手が指を広げる動作をします。するとタッチパネルでズームしているかのように、ダークマターの体が急激に膨張して引き裂かれそうになります。

「ぐ、ぐっ……なんて力だ。身体が全くいうことをきかん……」

引き裂かれそうな遠隔攻撃に必死に耐えています。さきほどシリウス選手に圧勝していたダークマター選手でしたが、今度は圧倒されてしまいました。

負けじとダークマターが分身して3人になる術を披露します。するとダークエネルギーは、なんと7人に分身して対抗します。……おわかりいただけたでしょうか。ダークエネルギーとダークマターのエネルギー総量の割合「7：3」をビジュアル化した演出です。

「今はまだ7人程度だが、俺はこの先8人、9人とさらに増え続けていく」

これはダークエネルギーの支配率が、未来に向かってますます上がることを意味しています。物質は宇宙の膨張によってどんどんエネルギー密度が減っていくのに対して、ダークエネルギーは一切減ることがありません。宇宙の未来はもうすでにダークエネルギーに握られており、絶対的支配が完成しているのです。それを覆すようなヒーローの登場を期待したいのですが、ダークマターやバリオンでは無理でしょう。

勝機を失い立ち尽くすダークマターとバリオンたちに対して、7人の絶対的破壊神がまわりをとり囲みます。

「こうなるとダークマターは厳しいですね……。ではここでダークエネルギーの能力を解説しましょう」

ダークエネルギーの七不思議

今度はダークエネルギーの特徴をまとめたフリップが現れます。

ダークエネルギーの七不思議

①　真空エネルギーなのか
②　なぜ小さい値なのか
③　なぜダークマターと同程度なのか
④　そもそも物質なのか
⑤　重力理論の変更なのか
⑥　なぜ正の値なのか
⑦　超対称性と関係あるのか

ダークエネルギーの正体は、ダークマター以上に謎が深いテーマです。

そもそも物質なのかどうかさえ不明なのです（疑問4）。では物質でないとすると何なのかというと、時空そのものがもっている性質（疑問1）、あるいは相対論という重力理論の変更を迫っている存在なのかもしれません（疑問5）。またダークマターのように超対称性と何らかの関係があるのかもしれませんし（疑問7）、現状ではまったく見当がつかないのです。

ダークエネルギーの最大の特徴は、宇宙を加速的に膨張させることです。通常の物質はバリオンもダークマターも宇宙膨張を減速させます。宇宙は基本的にビッグバンから膨張しつづけていますが、その速度は時間とともに徐々に落ちていきます。それはこれらの物質が重力によって引力を生じさせているため、宇宙という器にブレーキをかけているからです。

さきほどヘンローズ博士が、宇宙の膨張をマグカップとその中身を例に説明していました。これで言えば、マグカップに注がれたコーヒーが量的にもいちばん多いダークマターにあたります（色的にもぴったり）。次いでミルクがバリオンにあたり、少量の砂糖が光にあたります。

これらは外への圧力が基本的に「正」という共通の性質をもっており、これによって宇宙では器に対して引力のみとして働きます。そのため器であるマグカップは、膨らんでいますが、常に内側へブレーキがかかっていきます。

これに対してダークエネルギーは、圧力が「負」という奇妙な性質のため、マグカップの内部にあると器に対して斥力（反発力）として働き、マグカップは急激に膨張してしまいます。

ダークエネルギーは宇宙定数の再来であって、文字通りエネルギー密度も一定値の定数です。つまり宇宙の膨張率＝一定となります。速度の増加率が一定となると、毎秒ごとに膨張の速度は速くなり、これを「加速膨張」と言います。

通常の物質は膨張する宇宙において、必ずエネルギー量が減少していきます。しかし、ダークエネルギーはそのエネルギー量が決して目減りしません。つまり、いつかは宇宙定数が宇宙を支配する時代が来ることになります。そして一度宇宙を支配してしまうと、この宇宙定数がますます総量に占める割合を増していきます。

「ダークエネルギーは、この先、宇宙が膨張して大きくなっても、そのエネルギー密度は決して減りません。定数だからです。決してマグの膨張によって中身が薄まることがないのです。ゆえに無敵なのです。マグの例で「入れた物質」と言いましたが、性質的に考えると、物質ではなく、マグの表面に引っ付いた何か「器自体の能力」と呼ぶ方がしっくりくるのかもしれません」

宇宙という器のなかに入っている物質というよりかは、そもそも器がもっている真空エネルギーとは別次元のエネルギーなのではないか。こう考えると、そもそも宇宙を計算するための理論である重力理論そのものを考えなおす必要さえ出てきます。

数式では右辺が物質で、左辺が宇宙の膨張率であるということを見ました。方程式は、一般に定数を入れることができます。全物質のエネルギー密度を表す右辺に定数を入れると新しい物質（つまりダークエネルギー）として表されます。また宇宙の膨張率を表す左辺に移項したときには、宇宙定数は時空構造としても解釈できます。つまり、宇宙定数はもともと時空に付随したものであり、大元で扱っているアインシュタイン方程式をなんらかの形で修正、あるいは拡張することで、もっとシンプルに説明できる可能性もあるのです。

「これがこの先、宇宙の支配が揺るがないことを意味していることがおわかりになるでしょうか……盛者必衰というこの世の決まりにおいて、ダークエネルギーだけは、唯一の例外的存在なのです」

ヘンローズの力説が、熱を帯びています。

「なんと恐ろしい……」

解説のダークエネルギー賛美に、まんざらでもない当の本人。しばし、ダークマターの体を引き割く、膨張攻撃の手を緩めてくれています。このうちにダークエネルギーの七不思議の残りを簡単に紹介しておきましょう。

仮に、宇宙という器自体がもつエネルギーだとすると、それは真空を意味するので、「真空エネルギー」と呼んだりもします。

これを現在の素粒子標準理論から計算すると、非常に大きな値となってしまいます。この計算値は観測値と比べると、かけ離れるほど大きい値です。現実の真空エネルギーがなぜこれほど小さい値なのか。それが疑問2です。

さらに言うと、現在のダークマターの値と比べて、せいぜい2倍程度で同程度といえます。比でいうと、7：3程度の割合です。これは一体なぜかと問うこともできます。これが疑問3です。というのも、計算した真空エネルギーでは桁単位で大きい値になるはずだからです。膨張によって変化したダークマターの量に対して、現在の比がほぼ同程度であることは、実はあまりに奇妙な一致であり、「宇宙定数の偶然一致問題」とも呼ばれています。

疑問6は少しマニアックですが、高次元の新しい理論を考えると宇宙定数は一般に負の値も登場します。なぜこのように正の値で、なぜこうも小さいのか。真空エネルギーだとしても、数々の難問が山積みなテーマなのです。

⁂

「おっとぉ、ダークエネルギー選手、再び攻撃の手を強めた模様です」

はち切れんばかりに膨らんだ、ダークマターのお腹がすけて見えます。

観客の目にも、ダークマターの体内の様子がだんだんと見えるようになってきました。するど、体内には飲み込まれたシリウス選手、さらにはこれまで飲み込んだと思われる無数の星々の姿が見えてきます。ダークマターのお腹の中からこちらに手を振っている星々たちが、自身の安否を観客に示しています。

「これは一体どういうことでしょう。飲み込まれたと思っていた星々ですが、なんとダークマター選手の体内でちゃんと生きております！」

「そうこれです！　これこそが、ダークマターと銀河の関係なのです」

ヘンローズが叫びました。どういうことでしょうか？

暗黒菩薩に守られし銀河

「よく見てください。ダークマターの球状のカプセルの中央にポッカリと浮かぶ、銀河の円盤が見えるでしょう。このようにダークマターは「ハロー」と呼ばれる球状の形態をとり、その内部に銀河円盤がすっかり飲み込まれているのです」

「ダークハロー」とも呼ばれる、球状の内部の中心にうかぶ銀河。その姿はまるで、銀河を外敵から守る守護者のようにも見えます。

実は、そもそも銀河などの構造が宇宙で出来上がるためには、ダークマターが不可欠であることがわかっています。つまり、これまで敵キャラのように扱ってきましたが、本来の役割でいえば、ダークマターは私達の世界そのものを縁の下から支えている味方なのです。

漫画でも敵だと思っていたキャラクターが、ストーリーが進行していくにつれて、味方に変わることはよくあります。ダークマターも一見、真っ黒で不気味な正体不明者ですが、私たち銀河を丸ごと守護するいわば創造神としてその姿を変貌させました。

銀河という構造を作るという点において、ダークマターとバリオンはいわば共存関係にあり、劣勢の弱者である彼らが手を組んで、これからのダークエネルギーの絶対的支配に対抗しようとしています。まさに今の闘技場は、宇宙の縮図そのものです。

天の川銀河の場合、その直径が約10万光年。一方ダークハローの半径はおよそ30万光

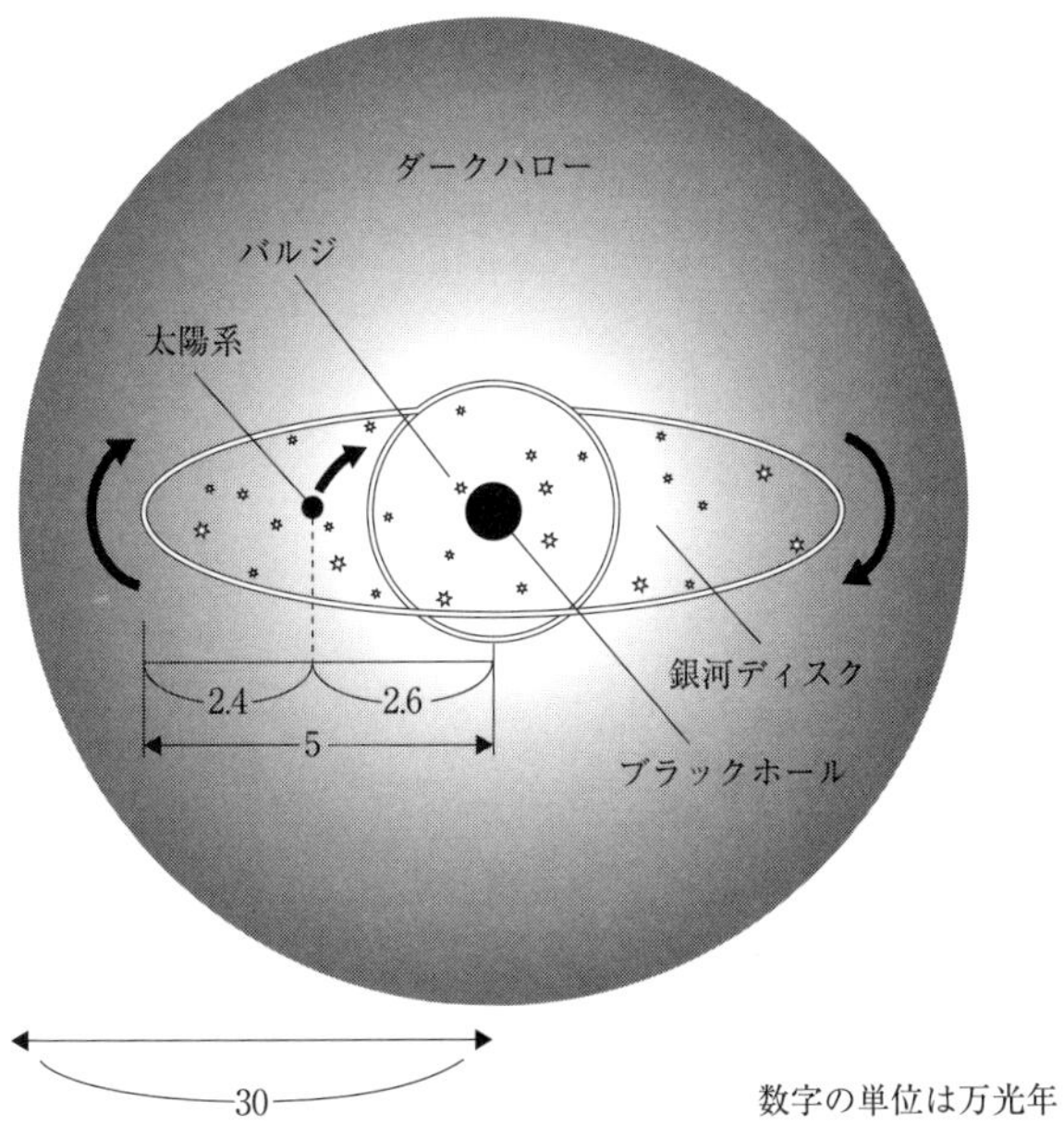

高水裕一『宇宙人と出会う前に読む本』より

年も広がっており、まさにすっぽりと覆われています。ダークハローの立場から見ると、中心にある銀河がいかに小さい構造物であるかがイメージできるでしょう。巨大な球体ハローに対して、「サブハロー」と呼ばれる小さい（それでも銀河サイズの数分の一程度はある）ハローもあります。このサブハローはときおり、銀河円盤にぶつかってすり抜けていったりもします。まるで母船から、飛び出した小型の偵察船のようです。

ダークマターの構造は球状に形成されているのに対して、なぜ銀河は円盤構造で、厚みも薄いUFOのような形になるのかを少し説明します。

そもそもダークマターは、自分自身との相互作用も低いため、天体のような小さい構造を作らず、形成過程がまるで異なります。バリオンの場合、水素やヘリウムといったガスが主成分となって集まっていき、やがてあちこちで恒星が生まれます。最初は、ダークハローのように星々も球状に分布しているはずです。しかし、この塊は、ある軸のまわりで全体として回転をしています。これがやがて銀河の公転になるものです。

宇宙では、一度回転を始めるとなかなか止まらないという性質があります。専門用語では、「角運動量の保存」といいます。角運動量とは回転の勢いを表す量です。これは回転軸からの距離と回転速度を掛け合わせたものから導かれます。これを一定に保つということは、回転軸からの距離を一定に保つということを意味します。

つまり、ある軸のまわりで回転する球状の星の集団は、この軸に平行な方向（縦）の移動はできますが、軸に垂直方向（横）には移動できないということになります。なぜなら、横方向に移動すると、軸との距離が変わるためです。こういった作用により、星々は徐々に縦方向に集まって、うすいパンケーキのようになっていき、最終的に円盤の形状に落ち着きます。くっついていくのは、自分たちの重力による影響です。これが、「銀河が平らである」ことのざっくりとした説明です。

まるで目玉焼きのような小さい物体が、私達が住む広大な銀河世界で、それをすっぽりと飲み込むダークハローの存在なんて想像もおよびません。本当に私達の世界が狭いことを痛感させられます。

これまで悪役のようなヒールを演じていたダークマターですが、ゆっくりとかぶっていた面を取り外します。するとその下から、安らかなまるで別の顔が現れました。私達の世界をあたたかく包み込んでくれている、菩薩（ぼさつ）さまのようなお姿です。真の姿を見せたダークマターは、体内から飲み込んでいたバリオンたちを吐き出します。その慈悲深く、懐の広い行動に、Ｍｒ．ブラックも共感しています。

会場からは、バリオンたちの「ＢｏＳａＴｓｕ！」コールが鳴り響いています。さしずめ暗黒菩薩ですね。なんだか陰ながら支えるイメージと、フィギュアにしてもかっこよさそうなビジュアルに、ますます好感がもててきました。もはや敵キャラではなくむしろちびっこの味方、ヒーローであるように思えてきます。創造神ダークマターに対して、一方の破壊神ダークエネルギーはまさに宇宙の天敵。敵味方が逆転した瞬間でした。

ダークハローを加えた銀河衝突合戦

第2章で銀河同士の合戦をお届けしましたが、これにダークハローを加えると描写はどう変わるのでしょうか。

接近するまではお互いの銀河軍がダークハロー内部で待機したまま、カプセルごと進行してきます。さしずめ、軍隊が乗っている巨大母船といったところです。そしていざ合戦となり、両ハローが接触し、やがて銀河軍同士の激しい斬り合いになります。

カッ
パッ
ワァァァ

しかし、当のハローはこの合戦場を素通りしていきます。ダークマター同士は相互作用をほとんどしないので、衝突してもお互いすり抜けていくのです。まさに合戦には無関心といった具合です。

それでも重力は強力なので、すり抜けたあと、ある距離まで離れると、もう一度お互いに近づいていき、そしてすり抜けてまた離れる……といった振動のような状態になります。へんてこな乗り物ですね。

そんなハローを尻目に、合戦では多くの血が流れ、1つの巨大銀河にまとまろうとあちこちで衝突を繰り返していきます。熱いバリオンの合戦に対して、どこまでも見守ることに徹している、冷静な暗黒菩薩さまたちの振動のお戯れ、実に対照的です。

また宇宙の大将軍銀河中心の巨大ブラックホールも、このダークハローと大いに関係しています。宇宙に星といった構造ができるためには、まずガスの巨大な塊ができないといけません。そのためにダークマターは必須であり、この暗黒の球体の中で重力的に集まり、星ができ、やがて円盤状の銀河が形成されます。そして同時に、その中心では成長を遂げた巨大なブラックホールが鎮座している必要があります。これら3つのキャラクターが共に影響し合って進化をしていくストーリー。それこそが宇宙の構造の歴史そのものなのです。

最後の希望

宇宙はこの先、ダークエネルギーによって加速的に膨張していき、銀河同士の距離がどんどん引き離されていくと考えられています。最終状態の宇宙の姿は、断定的に言うことはできませんが、ダークエネルギーがもっとも支配的になることだけはすでに決まった運命となっています。この最終宇宙を「ビッグフリーズ」や「ビッグリップ」と呼んだりします。

ビッグリップは、上記のような、膨張によりどんどんと引き離されていく状態を表していますこれがどこまで進むのかはよくわかりません。銀河の構造を保ったままで互いの距離だけ離れていくのか、星や惑星といった小さいスケールの構造までも破壊され、原子レベルで分解されていくのかも不明です。

一方、ビッグフリーズは全てが固まり止まった状態を指します。両者が異なるシナリオとして起こるのか、原子が分解され、フリーズされる形になるのかもわかりません。

銀河軍の兵隊の立場でいえば、粉々に引き離され分解されるさまは、まるでそれぞれが暗い独房にいれられ、まったく外部と連絡がとれずに孤立させられるようなもの。

絶望的な未来の様子に絶句する、会場一同。なんとも言えない最強トーナメントの終幕です。音はおろか、光さえ入らない真っ暗闇に弾き飛ばされることを想像すると、本当に恐ろしいです。次回大会は、もう開く必要すらないでしょう。優勝者はすでに決まっているのですから。

宇宙には、時間が未来へと一方向のみに進むという「エントロピー増大の法則」が存在します。この法則にすべての現象は支配されており、こぼれたジュースはもとに戻らず、過去に戻るような現象は基本的に許されていません。

しかしここにこそ、実は最後の希望が存在します。決戦の最後にこのことに期待を込めて、コメントして終わりましょう。

それは「ブラックホールの蒸発」という、ホーキング博士が提唱した現象です。本当に起こるかはまだ確証があるわけではないですが、もし起こるとすると、宇宙の時間の矢を逆転させる可能性を秘めています。

今から100億年後の未来では、すでにダークネルギーの圧倒的支配のもとに、銀河同士の距離が極めて遠くに引き離され、一種の孤立銀河のような状態になります。その頃、天の川銀河はアンドロメダとの合体を完了し、一つの巨大楕円(だえん)銀河になっているはずです。しかし、それ以外の他の銀河が見えないほど、宇宙の遠方へと追いやられて孤立しているのです。

これは何を意味するかというと、そこに生きる知的生命がいるとすると、自分の銀河以外を一切観測するすべがなくなるということです。宇宙という広大な空間の様々な銀河を観測することができるからこそ、私達は宇宙の法則を知ることができています。もし観測そのものができなければ、宇宙を知りようもなくなります。つまり、知的生命にとって、宇宙の法則を知る機会がなくなるということを意味します。

さらに時間が流れ、今から10^{20}年（＝1億兆年）が経過すると、これら孤立した銀河が、宇宙膨張によって無数の星たちがバラバラになる状態まで分解されると予想されています。

ここにもし知的生命がいるとすると、自分の星の近辺しか観測できないことになるのです。世界はどんどんと小さい領域でしか成り立たなくなっていきます。銀河中心の巨大なブラックホールだけが残された状態になるかもしれません。

バラバラになったままかというとそうではなく、この巨大ブラックホールがある種の宇宙掃除機のように、そこら中の天体という天体を食い尽くしていく可能性もあります。

前章の『キングダム』的銀河軍の表現でいえば、合戦中、将軍であるブラックホールが夜に祝杯を振る舞います。「戦場における美酒こそ、戦場に生きるものの最上の喜びじゃ」と、部下や、兵隊たちと愉快に飲み明かすとします。すると、皆が寝静まったころ、将軍がひとりひとりの寝床を襲い、丸呑みしていく様が浮かびます。怖すぎるホラーです。

「将軍？　こんな時間に何用でしょうか……」といっている矢先に、片っ端から丸呑みしていく大将軍ブラックホール。もはやそこに彼の自我はなく、食べる化け物と化し、暴走していることでしょう。Ｍｒ．ブラック君にはこうはなってほしくないですが、わかりません。これこそ、未来の宇宙におけるブラックホールの真の役割なのかもしれません。

今から10^{34}年後になると、原子を構成する陽子がついに崩壊を始めます。陽子は極めて長寿命であり、宇宙の年齢に匹敵するくらい安定していると考えられています。しかしこの頃にはこれらも崩壊すると予想されています。もはやそこに構造体と呼べる天体はなく、残骸もすべて化け物のようなブラックホールの掃除機に吸い尽くされていくことでしょう。

ついに今から10^{100}年後には、このブラックホールにも寿命が訪れます。それこそが蒸発現象です。

宇宙の未来における大逆転

もしこのブラックホール蒸発が本当に起こると、それでなぜ宇宙の時間の矢が逆転するのでしょうか。

それは、全てを吸い込んだブラックホールが蒸発して消えてなくなると、これまで増大して貯められてきたエントロピーが宇宙空間から一気になくなるためです。エントロピーが宇宙から劇的に蒸発して消えてしまうと、エントロピー増大の法則自体が、そこで特異状態として、逆転するかもしれないのです。するとこれまで起こったことがない宇宙の大転換があるかもしれない。そう期待してしまいます。

もしですが、もし本当にそうなると、エントロピーが今度は一方的に減少する世界へと変貌します。それは時間が逆戻りする世界を意味しています。宇宙は、広がった状態から、徐々に小さいものへと収縮していき、銀河同士は距離が小さく近づいていきます。銀河の内部では、星の死から始まり、超新星爆発が逆再生され、星が最終的に生まれることで、ガスに戻っていきます。生命は、死から始まり、生まれる瞬間にこの世を去るという逆再生が、至るところで実現していきます。

その世界では、私は今とは逆の順番で、あとがきから書き始め、最終章から序章まで文字を減らしながら書きすすめていくのです。やがて、宇宙は一つの高温高密度状態へと戻っていき、ビッグバンに行き着きます。すべての歴史の逆再生です。そこで、今度はまた大転換が起こり、ビッグバンから膨張して……そんな歴史の繰り返しをしていると考えるとどうでしょうか。宇宙はこれまで何度も時間の方向が繰り返し逆転している。循環した歴史の繰り返しを行っているんだとしたら……。

すこしSFチックに書いてしまいましたが、そんなことまで想像させてしまう——それが宇宙全体のブラックホールの蒸発なのです。そんな時間の向きを変える分岐点が本当に存在し、幾度も歴史が向きを変えて繰り返し、その過去のサイクルの出来事がデジャブとして私達にも記憶されているのだとしたら……。映画の脚本家でなくとも、その壮大な宇宙サイクルのシナリオに胸が踊ってしまいます。

「Ｍｒ．ブラックよ、いずれ天下の大将軍となり、銀河を支配し、遠い将来、宇宙中の天体を食い尽くす日がくるだろう。その暁には、見事に蒸発を遂げ、宇宙のこの絶対的支配から我々を解放し、あの時間の針を大逆転させておくれ」

最強トーナメントの一観戦者として、私も彼にそんな言葉をかけて、希望ある未来を夢見たいです。

「夢を見て何が悪い！　夢があるから前に進めるんだろうが！」

映画『キングダム』で、信を演じる山﨑賢人さんが劇中で決める台詞です。天下の大将軍になってやると豪語していた彼を最初は誰もが笑いものにしていました。しかし、彼のひた向きに夢を追う熱意と飽くなき将軍への野心に、皆がほだされていきます。私もこの言葉にとても共感し、勇気をもらいました。Ｍｒ．ブラックにも胸を張って、これからさらなる進化を遂げてほしいと願います。信にＭｒ．ブラックを重ねて、この言葉で本書を締めたいと思います。

ちくまプリマー新書

286
リアル人生ゲーム完全攻略本
架神恭介
至道流星
「人生はクソゲーだ!」しかし、本書のような攻略本があれば、話は別。各種職業の特色から、様々なイベントの対処法まで、全てを網羅した究極のマニュアル本!

298
99%の人が速くなる走り方
平岩時雄
体育も部活もまずは走るところからスタート。それなのに、きちんとした走り方を実は教わっていない。正しく走る技術を習得すればあなたも必ず速くなる!

334
銀河帝国は必要か?
——ロボットと人類の未来
稲葉振一郎
ロボットとの共存や宇宙進出が現実味を帯びる現代。人間のアイデンティティも大きく揺らいでいる。いったい人類とは何なのか? SFを手がかりに迫る。

335
なぜ科学を学ぶのか
池内了
科学は万能ではなく、限界があると知っておくことが重要だ。科学・技術の考え方・進め方には一般的な法則がある。それを体得するためのヒントが詰まった一冊。

373
勉強する気はなぜ起こらないのか
外山美樹
気持ちがあがらない、誘惑に負けちゃう。お困りなあなたにやる気をコントロールするコツを教えます。目標設定、友人関係、ネガティブ戦略など、どれも効果的!

ちくまプリマー新書

412 君は君の人生の主役になれ　鳥羽和久
管理社会で「普通」になる方法を耳打ちする大人の中で育ち、安心を求めるばかりのあなたは自分独特の生き方を失っている。そんな子供と大人が生き直すための本。

136 高校生からのゲーム理論　松井彰彦
ゲーム理論とは人と人とのつながりに根ざした学問である——環境問題、いじめ、三国志など多様なテーマからその本質に迫る、ゲーム理論的に考えるための入門書。

374 「自分らしさ」と日本語　中村桃子
なぜ小中学生女子は「わたし」ではなく「うち」と言うのか？　社会言語学の知見から、ことばと社会とわたしたちの一筋縄ではいかない関係をひもとく。

390 バッチリ身につく英語の学び方　倉林秀男
ベストセラー『ヘミングウェイで学ぶ英文法』著者が贈る、語彙・文法・音読・リスニング……ことばの「基礎体力」の鍛え方。英語学習を始める前にまずはこの本！

392 「人それぞれ」がさみしい——「やさしく・冷たい」人間関係を考える　石田光規
他人と深い関係を築けなくなったのはなぜか——相手との距離をとろうとする人間関係のありかたや、「人それぞれ」の社会に隠れた息苦しさを見直す一冊。

chikuma primer shinsho

ちくまプリマー新書 420

宇宙最強物質決定戦（うちゅうさいきょうぶっしつけっていせん）

二〇二三年二月十日　初版第一刷発行

著者　高水裕一（たかみず・ゆういち）

装幀　クラフト・エヴィング商會

発行者　喜入冬子

発行所　株式会社筑摩書房
東京都台東区蔵前二－五－三　〒一一一－八七五五
電話番号　〇三－五六八七－二六〇一（代表）

印刷・製本　株式会社精興社

ISBN978-4-480-68445-5 C0244 Printed in Japan